La programmation du langage C : pratique de l'ingénierie

C 语言程序设计：工程实践

[法] 文森·格拉内（Vincent Granet）
董 玫 姜 明 马 晖 编著

天津大学出版社
TIANJIN UNIVERSITY PRESS

图书在版编目(CIP)数据

C 语言程序设计:工程实践:汉文、法文 / (法)文森·格拉内(Vincent Granet)等编著. -- 天津:天津大学出版社,2025.8. -- ISBN 978-7-5618-8081-4

Ⅰ. TP312.8

中国国家版本馆 CIP 数据核字第 202559A7X1 号

C YUYAN CHENGXU SHEJI:GONGCHENG SHIJIAN

出版发行	天津大学出版社
地　　址	天津市卫津路 92 号天津大学内(邮编:300072)
电　　话	发行部:022-27403647
网　　址	www.tjupress.com.cn
印　　刷	天津泰宇印务有限公司
经　　销	全国各地新华书店
开　　本	787mm×1092mm 1/16
印　　张	10.75
字　　数	348 千字
版　　次	2025 年 8 月第 1 版
印　　次	2025 年 8 月第 1 次
定　　价	36.00 元

Préface

Après une préparation et une rédaction minutieuse, ce manuel intitulé *La programmation du langage C : pratique de l'ingénierie* voit le jour. Dans la continuité du manuel français *La programmation du langage C : principe et pratique* publié en août 2023, il vise à établir un pont entre la théorie et la pratique.

Ce livre se concentre sur le contenu de base de *La programmation du langage C : principe et pratique*, s'appuie sur des excellents enseignements et pratiques pédagogiques étrangers, tient compte de la situation des étudiants de classes Franco-Chinoises de l'Université Xidian et conçoit une série d'exercices soigneusement organisés pour aider les lecteurs à comprendre et à maîtriser en profondeur les points de connaissances clés du manuel. La conception des exercices couvre non seulement les concepts fondamentaux et principes de base du manuel, mais intègre également les derniers résultats de recherche et cas d'application, visant à permettre aux lecteurs à consolider leurs connaissances acquises, à élargir leurs horizons et à stimuler leur pensée innovante au cours de la résolution de problèmes.

Compte tenu de l'importance de la pratique de la programmation pour comprendre les connaissances théoriques, ce livre ajoute spécialement un chapitre consacré à l'introduction de l'environnement de développement. Nous sommes conscients que, pour les débutants, installer un environnement de compilation approprié est souvent le premier pas dans le monde de la programmation et aussi le plus difficile. Par conséquent, nous présentons en détail la méthode de configuration de l'environnement de compilation du langage C courant international actuel, et fournissons des instructions détaillées sur les différentes étapes et les réponses aux questions fréquemment posées et des ressources d'apprentissage recommandées. Nous sommes convaincus que cette partie réduira considérablement le niveau de difficulté des lecteurs dans la pratique de la programmation et améliorera leur efficacité d'apprentissage.

Afin d'améliorer davantage les compétences de programmation des lecteurs, ce livre fournit des exemples détaillés de programmes à la suite de certains exercices. Ces exemples de programmes démontrent non seulement des idées de résolution de problèmes et des méthodes de mise en œuvre, mais aussi mettent également l'accent sur la lisibilité, la standardisation et la maintenabilité des codes. Nous encourageons les lecteurs à essayer d'écrire eux-mêmes des programmes pour résoudre les problèmes en se référant aux exemples de programmes, et à améliorer leurs compétences de programmation par la pratique constante. En même temps, nous accueillons aussi avec plaisir les commentaires et suggestions des lecteurs sur les exemples de programmes, afin que nous puissions les améliorer et les optimiser continuellement.

La publication de ce livre est notre tentative d'amélioration de l'enseignement de la programmation. Nous espérons sincèrement que ce livre puisse devenir un bon compagnon et mentor pour les enseignants, les étudiants et les autodidactes, et qu'il puisse aider chacun à progresser continuellement sur la voie de l'apprentissage théorique et de la pratique de la programmation, et à obtenir des résultats encore plus remarquables. Dans le même temps, nous voulons rester en contact et en communication étroits avec nos lecteurs, et de promouvoir ensemble l'amélioration continue et le développement innovant de la qualité de l'éducation et de l'enseignement.

前言

经过精心筹备与编写，这本《C 语言程序设计：工程实践》应运而生，它作为 2023 年 8 月出版的法语教材《C 语言程序设计：理论及实践》的延续，旨在搭建起从理论到实践的桥梁。

本书紧密围绕《C 语言程序设计：理论及实践》的核心内容，通过设计一系列精心编排的习题，帮助读者深入理解并掌握教材中的关键知识点。习题的设计不仅覆盖了教材中的基础概念、基本原理，还融入了最新的研究成果与应用案例，力求使读者在解决问题的过程中，既能够巩固所学知识，又能够拓展视野，激发创新思维。

鉴于编程实践对于理解理论知识的重要性，本书特别增加了编译环境介绍的章节。我们深知，对于初学者而言，搭建一个合适的编译环境往往是踏入编程世界的第一步，也是最具挑战性的一步。因此，我们详细介绍了目前国际主流 C 语言的编译环境搭建方法，并提供了详细的步骤说明、常见问题解答以及推荐的学习资源。我们相信，这一部分的加入将大大降低读者在编程实践中的门槛，提高学习效率。

为了进一步提升读者的编程能力，本书在部分习题后附带了详细的解题代码示例。这些代码示例不仅展示了正确的解题思路与实现方法，还注重代码的可读性、规范性和可维护性。我们鼓励读者在参考代码示例的基础上，尝试自己编写代码解决问题，通过不断的实践来提升自己的编程技能。同时，我们也欢迎读者对代码示例提出宝贵的意见和建议，以便我们不断完善和优化。

本书的出版得到了西安电子科技大学教材建设基金的资助以及电子工程学院领导的大力支持。Vincent（文森）教授提供了所有的源代码，董玫老师和姜明老师对内容进行安排及校对，特别感谢 2019 级中法班的杨小辰同学一直为本书的 LaTeX 编辑工作提供帮助。我们衷心希望这本书能为中法合作办学教材贡献一份力量，助力赴法留学的电子工程专业的学子们更快适应法国的教学体系，掌握前沿的专业知识与技能，为他们在电子工程领域的未来发展打下坚实基础。

编者

2025 年 6 月

Table des matières

Index des codes

Chapitre 1 Environnement programmation C

1.1 Le système Linux

Le but de cette section est de vous familiariser avec l'environnement que vous allez utiliser tout au long de l'année. Plus précisément, vous apprendrez à utiliser votre portable avec le système Linux ; à manipuler l'interface graphique X ; les commandes `pwd`, `ls` et `date` ; à utiliser la documentation en ligne avec `apropos` et `man` ; un aperçu de l'éditeur `Emacs` ; et à exécuter quelques outils graphiques X.

Matériel et système

Lorsque vous mettez en marche votre portable, une procédure d'initialisation lance le système d'exploitation Linux ou Windows (pour ce dernier vous devrez lancer Linux sous une machine virtuelle installée préalablement).

Connexion

Sur l'écran de votre portable, vous devez normalement voir apparaître une fenêtre de dialogue afin de vous identifier avec votre nom d'utilisateur et votre mot de passe.

Rappelons que Linux est un système multi-utilisateurs. Il est donc normal de se présenter afin que le système vous identifie. Chaque utilisateur du système possède un nom de login et un mot de passe. Le nom de login sert à identifier le propriétaire des fichiers, des processus, des courriers reçus, etc.

Manipulation des fenêtres

Une fois la session de travail ouverte, vous avez accès au système Linux par l'intermédiaire du système de fenêtrage X, et plus particulièrement d'un gestionnaire de fenêtres. Il offre un environnement graphique convivial pour accéder au système Linux. Il vous permettra à l'aide de boutons, de menus déroulants, de raccourcis clavier, etc. de déplacer, retailler, iconifier, etc. à l'aide de la souris, les fenêtres placées sur votre écran ou encore de spécifier la couleur des fenêtres, le type de police utilisée, et bien d'autres choses encore. La fenêtre principale, celle du fond d'écran, s'appelle le bureau. La position de la souris est repérée sur l'écran par un pointeur, symbolisé par un X sur la fenêtre racine, mais qui pourra prendre des formes différentes sur d'autres fenêtres.

Ex 1) Décrivez ce qui se trouve sur votre écran. Combien y-a-t-il d'objets graphiques ?

Vous devriez reconnaître des éléments d'interface graphique : un bureau avec des icônes, une barre des tâches, un menu permettant d'accéder rapidement aux programmes. GNOME fournit aussi un gestionnaire de fichiers graphique (appelé Nautilus), dont le fonctionnement est proche de celui de l'Explorateur sous Windows ou du Finder sous MacOS.

Ex 2) Explorez les menus `Applications`, `Raccourcis` et `Système` de la barre de menu du bureau (en haut de l'écran).

Ex 3) Dans le menu `Raccourcis` de la barre de menu du bureau cliquez sur `Dossier` personnel. Nautilus affiche le contenu de votre espace utilisateur.

Ex 4) Testez toutes les fonctions par le menu accessible par le bouton droit de la souris appuyé sur le fond d'écran.

Ex 5) Identifiez les fonctions de manipulation des fenêtres accessibles par la barre de titre située au dessus des fenêtres.

Ex 6) Manipulez cette fenêtre (agrandissement, icônification, ...).

Ex 7) Utilisez le menu pour lancer un terminal graphique (un accès à une ligne de commande) et l'éditeur Emacs.

Ex 8) Identifiez les possibilités offertes par les menus accessibles en cliquant sur le fond d'écran.

Ex 9) Identifiez les fonctions du menu accessible en cliquant sur la barre de titre située au dessus des fenêtres.

Ex 10) Identifiez les fonctions du menu précédent accessibles par manipulation « directe » des fenêtres à l'aide de la souris.

Le copier/coller facile

Ex 11) À l'aide de la souris, sélectionnez du texte dans la fenêtre `terminal` et copiez le dans une fenêtre de l'éditeur de texte `emacs`. Une première façon de procéder est de placer le pointeur de la souris au début de la zone à copier et d'appuyer sur le bouton gauche de la souris ; puis de faire glisser la souris jusqu'à ce que le pointeur de la souris marque la fin de la zone. Vous pouvez relacher le bouton gauche. La zone sélectionnée apparaît en vidéo inversée. Maintenant, avec le bouton droit de la souris, ouvrez le menu et séléctionnez « copier ». Placez le pointeur de la souris à l'endroit où la copie doit être faite et ouvrez le menu « Edit » d'emacs et sélectionnez la fonction « Paste ».

Premières commandes Linux

Dans une fenêtre `terminal`, vous avez accès directement au système Linux. Le système est prêt à exécuter vos commandes. Placez le pointeur de la souris dans la fenêtre `terminal`.

Ex 12) À l'aide de la commande passwd, changez votre mot de passe. Attention de ne pas oublier le nouveau mot de passe, sinon vous ne pourrez plus vous connecter.

Chaque utilisateur du système possède un espace utilisateur qui lui est propre. C'est son *espace personnel* de travail dans lequel il pourra conserver ses fichiers.

Ex 13) Utilisez la commande `pwd` pour identifier l'emplacement de votre espace de travail.

Ex 14) Visualisez le contenu de votre espace de travail à l'aide de la commande `ls`, puis de la commande `ls -a`. Que constatez-vous ?

Ex 15) Utilisez la commande `date`.

Ex 16) Exécutez la commande `man cal`, puis utilisez la commande `cal` avec les bons paramètres pour rechercher le jour de la semaine de votre naissance.

1.2 L'éditeur de texte Emacs

Vous utiliserez l'éditeur de texte Emacs pour éditer et compiler vos programmes C. Son utilisation dans l'environnement Linux est semblable à celle sous Windows 7. Cet éditeur de texte est très utilisé pour la programmation. Il possède deux qualités qui le démarquent des autres éditeurs : il est hautement paramétrable (il est possible de le personnaliser par l'intermédiaire du fichier `.emacs`) et extensible (*i.e.* il est programmable en `emacs-lisp`).

Ex 1) Ouvrez une fenêtre terminal et à l'aide de la commande `mkdir` créez un répertoire de travail `C/TD1`.

```
mkdir C/TD1
```

Ex 2) Lancez l'exécution d'Emacs. Il est accessible à partir du menu `démarrer`, dans la rubrique `Programmes`, `Emacs`. Le démarrage prend quelques secondes.

Emacs se présente sous la forme d'une fenêtre de saisie. Cette fenêtre est composée de cinq parties :

- Une *barre de menus* en haut
- Une *barre de boutons*,
- Une *zone de texte* pour la saisie proprement dite.
- Une *barre d'information* indiquant au démarrage

```
-:-- *scratch* (Lisp Interaction)
```

- Une *zone de commande* (en bas) ou *mini buffer.*

La *barre de menu* permet d'accéder facilement à chacune des commandes de l'éditeur. En fait, chaque commande possède un nom et il est possible d'exécuter directement n'importe quelle commande à partir de la *zone de commande.* Emacs possède bien plus de commandes que l'on en trouve dans le menu !

La *barre de boutons* permet d'accéder directement à certaines fonctions de l'éditeur, en particulier les fonctions d'ouvertures et de sauvegarde de fichiers.

La *zone de texte* est associée à un *tampon* (*buffer* en anglais). Il s'agit d'une zone de mémoire dans laquelle est conservé le texte de manière temporaire. Tant que le texte n'est pas sauvegardé sur disque dans un fichier, il reste volatile et disparaîtra à votre sortie d'Emacs. Au lancement, Emacs crée un premier *tampon* appelé scratch ou *brouillon.* C'est le nom qui apparaît dans la *barre d'information.* Il est possible de créer un nouveau tampon et de l'associer avec un fichier donné.

Création et sauvegarde de fichiers sous Emacs

Un nouveau fichier est créé par l'intermédiaire du bouton ou du menu `Files/Open ....`

Ex 3) Cliquez sur le bouton `Open` et tapez dans la zone de commande le nom de fichier `TD1/Essai1` à la place du texte dèjà présent.

Validez en tapant sur le bouton `Ok`.

Ex 4) Saisissez du texte dans le tampon. Remarquez que deux étoiles sont apparues à gauche dans la barre d'information. Elles indiquent que le tampon a été modifié. Lorsque vous tapez du texte, vous pouvez remarquer que celui-ci s'inscrit devant le caractère figuré en vidéo inversée. On appelle `point d'insertion` l'endroit où le texte saisi au clavier va s'insérer. Vous pouvez déplacer le point d'insertion sur le texte que vous venez de taper à l'aide des flèches et constater que le texte s'inscrit, de nouveau, juste avant le caractère figuré en vidéo inversée.

Ex 5) À tout moment, vous pouvez sauvegarder le contenu du tampon dans le fichier grâce au menu `File/Save Buffer` ou plus rapidement avec le bouton `save`. La zone de commande affiche alors le message `Wrote ~/C/TD1/Essai1`. Sauvegardez le tampon. Les deux étoiles de la barre d'information ont disparu.

Une fois le fichier sauvegardé, vous pouvez détruire le tampon associé grâce au menu `Buffers`, `Delete buffer`. L'information reste bien présente sur le disque, seul le tampon a disparu. Emacs est capable de gérer plusieurs tampons simultanément et il est en général `inutile` de détruire les tampons au fur et à mesure.

Ex 6) Détruisez le tampon associé puis rechargez le fichier dans l'éditeur.

Les menus d'Emacs exécutent des commandes prédéfinies auxquelles il est possible de faire appel directement depuis la zone de commande. On utilise indifféremment la suite de caractères `Esc-x` ou la combinaison de touche `Alt-x` qui permet de saisir une commande dans la zone de commande.

Notez que `Escape` est un caractère à part entière. Lorsque vous tapez `Esc-x`, vous appuyez et relâchez successivement deux touches. En revanche, les caractères de contrôle, comme `C-x`, `C-h`, `Alt-x`, *etc.* représentent des caractères *uniques*. Pour taper le caractère `C-x`, vous devez appuyer sur la touche `Control` (Ctrl) et, tout en gardant la pression sur cette touche, appuyez sur la touche `x`, puis relâcher les deux simultanément.

`C-x`	Appui simultané sur les touches `Control` et `x`
`M-x`	Appui consécutif des touches `Escape` puis `x`

Ex 7) Appuyez simultanément sur `Alt` et `x`. Le curseur se place dans la zone de commande qui affiche `M-x`. Entrez la commande `find-file` et validez avec la touche `Entrée`. Emacs affiche comme précédement `Find file:...` et vous pouvez ouvrir votre fichier favori : `Essai1`.

Ex 8) La commande `kill-buffer` permet de détruire un tampon. Détruisez le tampon de `Essai1` en utilisant `kill-buffer`.

Il existe des *abréviations*, c'est-à-dire des combinaisons de touches du clavier ou de la souris, permettant d'accéder plus rapidement aux différentes commandes.

Ex 9) En utilisant l'abréviation `C-x C-f`, créez un nouveau fichier `Essai2`. Entrez un texte quelconque que vous sauvegarderez avec `C-x C-s`, puis détruisez le tampon avec `C-x k`. Notez bien que seul le tampon est détruit, pas le fichier dans votre espace utilisateur.

Il est également possible de sauvegarder un fichier sous un nouveau nom (`C-x C-w`). Le fichier original subsiste mais une copie est créée sous le nouveau nom et toute nouvelle modification n'affectera que cette copie.

Ex 10) Chargez votre `Essai1` dans un tampon d'Emacs et sauvegardez le sous le nom `fichier3`.

À tout moment `C-g` interrompt la commande en cours, et `C-_` annule la dernière commande d'édition (répétitif).

Ex 11) Ouvrez le fichier `C/TD1/bonjour.c` et tapez, dans le nouveau tampon, le texte du programme suivant, puis sauvegardez le tampon.

Prg.1 Bonjour à tous

```
/* Pour fonctionnner, un programme C comporte au minimum
 * une fonction, appelée main. La fonction main
 * ci-dessous, affiche à l'écran le message "Bonjour
 * à tous !"
 */
#include <stdlib.h>
#include <stdio.h>

int main(void) {
    printf("Bonjour à tous !");
    return EXIT_SUCCESS;
}
```

Les commandes d'édition

En dehors des commandes d'édition courantes (flèches pour se déplacer dans le texte, touche Suppr pour supprimer le caractère précédent, ...), `C-a` place le curseur au début de la ligne et `C-e` à la fin.

Il est possible de sélectionner un bloc de texte par l'intermédiaire de la souris. Positionnez le pointeur de la souris au début du bloc de texte désiré, pressez le bouton de gauche et faites glisser le pointeur sur le bloc en maintenant le bouton enfoncé. Le bloc sélectionné peut être supprimé (`C-w`) ou copié (appuyez simultanément sur les deux boutons de la souris après avoir positionné le curseur à l'endroit où insérer le texte). L'abréviation `C-k` supprime tous les caractères de la position courante du curseur jusqu'à la fin de la ligne. `C-y` les fait réapparaître.

Dans la terminologie Emacs, un bloc s'appelle une *région*. Une région est une zone de texte comprise entre une *marque* (*mark*) et le point d'insertion. Les opérations de couper et de coller s'appliquent sur les régions, mais il en existe bien d'autres.

Ex 12) Testez les commandes copier/coller au clavier et à la souris.

La recherche d'un mot s'effectue vers la fin du texte avec `C-s` ou vers le début avec `C-r`. Il s'agit d'une recherche incrémentale. Répétez `C-s` ou `C-r` pour passer d'une occurrence à l'autre. Il est également possible de rechercher et remplacer une chaîne de caractères avec `M-%`.

Ex 13) Recherchez le mot `main` dans votre texte. Utilisez `C-s` et `C-r` pour changer d'occurrence. Appuyez sur `C-g` pour interrompre la recherche.

Plusieurs tampons et plusieurs fenêtres

Lorsqu'on ouvre un nouveau fichier sous Emacs, l'ancien n'est pas effacé mais reste ouvert dans un tampon différent. Le menu `Buffers` (ou `C-x C-b`) propose la liste de tous les tampons ouverts et permet de passer de l'un à l'autre. Il est ainsi possible d'ouvrir simultanément plusieurs fichiers.

Vous pouvez également visualiser plusieurs tampons simultanément. Soit en découpant la fenêtre d'Emacs en plusieurs sous-fenêtres, soit en demandant une nouvelle fenêtre. `C-x 2` découpe la fenêtre horizontalement, `C-x 3` la découpe verticalement et `C-x 1` permet de revenir à une seule fenêtre. De même, `C-x 5 2` fait apparaître une nouvelle fenêtre graphique que `C-x 5 0` permet de détruire.

Ex 14) Ouvrez simultanément `bonjour.c` et `Essai2`. Copiez la fonction main de `bonjour.c` dans `Essai2`.

Vous pouvez quitter Emacs en utilisant `C-x C-c`. Notez que lors d'une session de travail normale, vous lancerez Emacs *une seule fois* en début de séance, et vous ne le quitterez (`C-x C-c`) qu'en toute fin de séance. Notez que si des tampons n'ont pas été sauvegardés, Emacs vous le signale (sauf pour le tampon `*scratch*`), et vous propose de le faire.

Résumé des principales commandes sous Emacs

La table 1.1 donne un résumé des principales commandes que doit impérativement connaître tout utiliseur d'Emacs. La carte de référence (voir la feuille jointe avec le sujet du TP) vous donne une liste beaucoup plus complète, mais loin d'être exhaustive, de commandes.

Emacs dispose d'une aide en ligne très complète. Elle peut être obtenue soit à partir des menus déroulants, soit par l'abréviation `C-h ?`. Attention, lors de l'utilisation de l'aide, certaines rubriques sont écrites en *hyper-texte* : certaines parties du texte, ou certains mots, sont écrits dans un style différent du reste du texte (souligné, gras, couleur différente) et passe en vidéo- inversée si vous placez le curseur à cet endroit. Cette caractéristique signifie qu'une description, ou une définition des mots marqués peut être affichée si vous appuyez sur le bouton du milieu de votre souris (si votre souris ne comporte que deux boutons, la pression sur le bouton du milieu est émulée par la pression simultanée sur les deux boutons de votre souris).

Ex 15) À l'aide des menus, ou de l'abréviation `C-h ?`, trouvez la documentation de la commande `undo`, ainsi que son abréviation.

TABLE 1.1 Principales commandes d'Emacs

Abréviation	Nom de la commande	Commande
C-x C-f	find-file	ouvrir un fichier
C-x C-s	save-buffer	sauvegarder le tampon courant
C-x C-w	write-file	sauvegarder le tampon sous un nouveau nom
C-a	beginning-of-line	aller en début de ligne
C-e	end-of-line	aller en fin de ligne
C-v	scroll-up	descendre d'une page écran
M-v	scroll-down	remonter d'une page écran
M-<	beginning-of-buffer	Aller au début du document
M->	end-of-buffer	aller à la fin du document
C-l	recenter	positionner la ligne au milieu de l'écran
C-k	kill-line	couper la ligne
C-w	kill-region	couper la région
C-y	yank	coller la région
C-_	undo	annuler l'action précédente
C-s	isearch-forward	rechercher en aval
C-r	isearch-backward	rechercher en amont

(suite)

Abréviation	Nom de la commande	Commande
M-%	query-replace	rechercher et remplacer
C-x b	switch-to-buffer	changer de tampon
C-x k	kill-buffer	détruire un tampon
C-x 1	delete-other-windows	une seule fenêtre
C-x 2	split-window-vertically	découper la fenêtre horizontalement
C-x 3	split-window-horizontally	découper la fenêtre verticalement
C-x 5	2 make-frame	ouvrir une nouvelle fenêtre
C-x 5	0 delete-frame	fermer la fenêtre
M-g	goto-line	aller à la ligne désirée
C-x C-c	save-buffers-kill-emacs	quitter emacs
C-g	keyboard-quit	interrompre la commande en cours
M-x		saisir une commande depuis son nom
M-!	shell-command	exécuter une commande sous MS-DOS
C-h ?	help	aide

Emacs plus qu'un éditeur

Emacs offre de nombreuses possibilités qui vont bien au delà d'une simple éditeur. A titre d'exemple, vous allez exécuter l'algorithme bien connu des tours de Hanoï, et consulter un psy.

Ex 16) Pour les tours de Hanoï, tapez `M-x` puis `hanoi`.

Par défaut, la tour comporte 3 disques.

Ex 17) tapez `M-x` puis `eval-expression`. On peut alors exécuter Hanoï avec le nombre de disques en paramètres. Tapez par exemple `(hanoi 5)`.

Ex 18) Enfin pour terminer une petite visite chez le psy. tapez `M-x` puis `doctor` et laissez-vous guider.

1.3 Le compilateur GCC

Le langage C est un langage d'écriture de système apparu au cours de l'année 1972. Développé par Dennis Ritchie et Ken Thompson, il a été spécialement conçu pour la réécriture du système Unix jusque là écrit en langage machine.

Il fait suite aux langages d'écriture de système BCPL et surtout B, d'où son nom C. La syntaxe du langage C au départ est très libre et laisse place à beaucoup de variantes. À la fin des années 70, le livre de Dennis Ritchie et Brian Kernighan popularisera le langage et en fixera la forme pendant près d'une dizaine d'années.

En 1989 l'institut national de normalisation Américain (ANSI) aboutit à une norme pour le langage. C'est cette version du langage, le C ANSI que nous utiliserons cette année.

L'environnement Pour développer vos programmes,vous utiliserez l'éditeur de texte Emacs. Lorsque vous éditerez un programme C (un fichier avec comme extension `.c`), vous le visualiserez et le compilerez à l'aide de cet éditeur. Les commandes abrégées à connaître parfaitement sont les suivantes :

— `Ctrl-x Ctrl-f` Ouvrir un fichier ;

— `Ctrl-x Ctrl-s` Sauvegarder un fichier ;

— `Ctrl-x Ctrl-c` Quitter Emacs ;

— `M-x compile` Compiler un fichier C.

!!! Attention quand vous éditez un fichier C n'oubliez pas son extension !!!

Compilateur Pour créer les fichiers exécutables, à partir des fichiers sources écrits en C, vous devez utiliser un compilateur.

Dans cet enseignement, nous utiliserons le compilateur de GNU : **gcc**. Une ligne de commandes typique pour compiler un fichier C sera de la forme suivante :

```
gcc -Wall -o nomexecutable nomfichier.c
```

L'option Wall indique à **gcc** d'afficher *tous* les messages d'avertissement. Ces 3 premières options doivent être mises *systématiquement.* L'option **-o** `nomexecutable` sert à définir le nom du fichier qui sera produit par `gcc` et pourra être exécuté par la suite. Le fichier à compiler est toujours le dernier paramètre et doit comporter une extension `.c`.

Déconnexion

C'est déjà l'heure de partir ! Comme vous êtes passés par une procédure de connexion pour entrer dans le système, il faut maintenant procéder à une phase de déconnexion pour sortir du système et finir votre session de travail.

Ex 19) Utilisez le menu de déconnexion ou d'arrêt du système accessible dans la barre de menu en haut de l'écran.

Chapitre 2 Démonstration d'exercices typiques — élémentaires

2.1 Premier programme : Bonjour à tous

Le premier programme que nous allons écrire est le classique « Bonjour à tous » qui écrit un message de bienvenue sur la sortie standard (*i.e.* l'écran). Le texte source de ce programme est :

```
/*
 * Ce programme affiche le message 'Bonjour à tous'.
 * @author vg@unice.fr jour/mois/année
 */
#include <stdlib.h>
#include <stdio.h>
int main(void) {
    printf("\tBonjour à tous\n");
    printf("\t**************\n");
    return EXIT_SUCCESS;
}
```

Ex 1) Avec Emacs, éditez le programme précédent dans le fichier `bonjour.c`. Ce programme est composé de 3 parties :

- les 4 premières lignes sont des commentaires. Tous vos programmes devront être correctement commentés, avec des *commentaires de documentation* et des *assertions* qui permettent de prouver la *validité* de votre programme ;
- les lignes 5 et 6, sont des directives au *préprocesseur* (dont nous parlerons ultérieurement) nécessaires pour (entre autres) l'affichage sur l'écran ;
- les lignes 7 à 11 définissent la fonction `main` (tout programme C doit comporter une (et une seule) fonction `main` par laquelle débute l'exécution du programme). Ici, le corps de cette fonction exécute la fonction `printf` qui écrit la valeur de son paramètre sur la sortie standard (l'écran). Le corps du programme peux être changé pour effectuer des actions différentes. Chacune des instructions du corps d'un programme doit être suivie du caractère point-virgule (`;`).

Compilez ce programme à l'aide de la commande abrégée `M-x compile`.

Remplacez la ligne contenant `make -k` par la commande : `gcc -Wall -o bonjour bonjour.c`. Cette commande produit un exécutable `bonjour`. Pour l'exécuter, utilisez la commande `./bonjour` dans un terminal.

Ex 2) Enlevez un des symboles '\t'. Que se passe-t-il ? Pourquoi ?

Ex 3) Enlevez le premier symbole '\n'. Que se passe-t-il ? Pourquoi ?

Ex 4) Enlevez le second symbole '\n'. Que se passe-t-il ? Pourquoi ?

Ex 5) Écrivez sur la sortie standard : votre nom, votre âge et votre groupe, chacune sur des lignes différentes.

Prg.2 Le nom, l'âge et le groupe

```
/*
 * Ce programme écrit sur la sortie standard le nom,
 * l'âge et le groupe de TD de l'étudiant
 *
 * @author vg@unice.fr jour/mois/année
 */

#include <stdio.h>
#include <stdlib.h>

int main(void) {
    printf("\tNom : Toto\n");
    printf("\tAge : 19 ans\n");
    printf("\tGroupe : G3\n");
    return EXIT_SUCCESS;
}
```

2.2 L'entrée et la sortie standard

printf

La fonction `printf` permet d'écrire autre chose que des chaînes de caractères, comme par exemple, des nombres entiers ou à virgule. Pour se faire, vous devez utiliser des *spécificateurs de conversion* qui seront remplacés par des valeurs passées en paramètre. Pour le moment, les spécificateurs de conversion à connaître sont :

— `%d` qui sera remplacé par un entier,

— `%f` qui sera remplacé par un nombre à virgule,

— `%c` qui sera remplacé par un caractère, et

— `%s` qui sera remplacé par une chaîne de caractères.

Ex 1) Dans le fichier `trois.c`, écrivez un programme avec une fonction `main` dont le corps contient l'appel à la fonction `printf` suivant :

`printf("le chiffre trois : %d, \nà virgule : %f\n",3, 3.0);`

Prg.3 Les sorties de nombres dans différents formats

```
/*
 * @author vg@unice.fr jour/mois/année
 */

#include <stdio.h>
#include <stdlib.h>

int main(void) {
    printf("le chiffre trois : %d, \nà virgule : %f\n
           ", 3, 3.0);
    return EXIT_SUCCESS;
}
```

Ex 2) Compilez et exécutez.

Ex 3) Reprenez **Ex 5)** de la section **2.1** en utilisant des spécificateurs de conversion.

Types et constantes

Nous avons vu dans la partie précédente des moyens d'afficher des valeurs constantes. Mais à quoi correspondent-elles réellement en C ?

En C, il existe de nombreux types simples qui définissent des ensembles de valeurs possédant des caractéristiques communes.

— Les *entiers* (positifs et négatifs) sont représentés par les types `short`, `int` et `long`. Ce qui les distinguent, c'est leur cardinalité. Les constantes entières sont des suites de chiffres pouvant être négatifs (précédés du signe -). Par exemple : `1234`, `-324`...
Les constantes précédentes sont en notation décimales. C propose deux notations octale et hexadécimale en faisant précéder respectivement le nombre par un `0` ou `0X`.

Il est possible de définir un ensemble d'entiers strictement positifs en faisant précéder le nom du type par `unsigned`. Par exemple `unsigned long`.

— Les *réels* sont représentés par les types `float` et `double`. Le type `double` offre une plus grande précision dans la représentation de réels. Les constantes réelles s'écrivent comme habituellement : `0.23451`, `123134.3`, `345.89e-3`.

— Les caractères sont définis par le type `char`. C'est en fait un sous-type du type entier. Une constante de type `char` est représentée par un caractère entre deux apostrophes. Par exemple : `'a'`, `','`...

Ex 4) Indiquez les notations de constantes valides et le type des nombres suivants :

0.31	+273.3	0.005e+3	0x10
010	.389	15	0x5e-4
33.75	1.5+2	3,250	.E1
1234	3E5	08	10e-4
0X1a2	0037	1e2768	0x1A2

Ex 5) Déterminez le type des constantes suivantes :

100	033	'a'	2
0x10	.23	"nom"	'2'
"a"	2311	'\n'	"2"

Ex 6) Écrivez un programme qui affiche les nombres :

— 230 en utilisant une notation hexadécimale ;

— 123 en utilisant une notation octale

— 156003 en utilisant un notation exponentielle

— 12423215 en utilisant une constante `long`

Variables

Les variables sont des noms qui servent à désigner des données dans la mémoire centrale de l'ordinateur. Dans le langage C, elles doivent toujours être déclarées avant leur utilisation. Une déclaration de variable se compose de deux ou trois parties : le type de la variable, son nom et une initialisation facultative. Donc par exemple, pour déclarer une variable `i` de type `int`, cela peut s'écrire de la manière suivante :

`int i = 0;` ou `int i;`

Plusieurs variables de même type peuvent être déclarées à la suite, en les séparant par une virgule. Par exemple :

`int i, j;` ou `int i = 1, j = 0;`

Tout au long du programme on peut affecter une nouvelle valeur à une variable à l'aide de l'opérateur d'affectation =.

Ex 7) Écrivez un programme dans lequel vous déclarez deux variables entières, la première prenant comme valeur 1, la seconde n'étant pas initialisée. Affichez leurs valeurs. Expliquez le résultat.

Ex 8) À l'aide d'une variable entière, affichez la valeur du caractère `'a'`. Expliquez le résultat.

Expressions

Les expressions sont notées sous forme infixe et sont composées d'opérandes et d'opérateurs.

Cinq types d'opérateurs différents peuvent être utilisés : des opérateurs arithmétiques, de comparaison, logiques, de bits et d'affectation.

Chacune des opérations est typée et le type du résultat est fonction de ses opérandes. Par exemple, l'opération addition (+) calcule un entier si ses deux paramètres sont des entiers, ou un réel si ses paramètres sont de type double.

Opérateurs arithmétiques

En C, vous pouvez trouver les opérateurs arithmétiques habituels.

+	addition	`x + 1`
-	soustraction	`x - y`
*	multiplication	`x * y`
/	division	`x / y`
%	modulo	`x % y`

Opérateurs unaires - négation `-x`

Autres opérateurs

Opérateurs logiques (booléens) :

(l'entier 0 représente la valeur booléenne « faux », tout autre entier représente la valeur « vrai »)

&&	et	`x && y`
||	ou	`x || y`
!	non	`!x`

Opérateurs binaires :

(les opérations binaires sont effectuées bits à bits)

&	et	`x & y`
|	ou	`x	y`
^	ou exclusif	`x ^ y`
~	non	`~ x`
<<	décalage logique à gauche	`x << 1`
>>	décalage logique à droite	`x >> 1`

Opérateurs de comparaison :
(ils renvoient comme résultat 0 ou 1)

`>`	supérieur	`x > y`
`<`	inférieur	`x < y`
`>=`	supérieur ou égal	`x >= y`
`<=`	inférieur ou égal	`x <= y`
`==`	égal	`x == y`
`!=`	différent	`x != y`

Ex 9) Donnez le résultat des opérations suivantes : (sur papier)

```
033 & 2     033 | 02     0xff & 0x0     6 ^ 3
033 && 2    02 == 0x2    2.0 == 2.0     ~0xffffffff
```

Ex 10) Vérifiez les résultats de l'exercice précédent sur l'ordinateur.

Affectation

La valeur désignée par une variable peut être modifiée à l'aide de l'opérateur d'affectation =. En particulier, il permet d'affecter le résultat de l'évaluation d'une expression. Par exemple, si `y == 3`, `x = (y = y + 1)` affectera la valeur `4` à `x`.

Il existe une manière abrégée pour écrire les affections d'une variable à elle même. L'expression `x op = y` correspond à l'opération `x = x op y`. Par exemple pour l'addition `x += y` correspond à la même action que `x = x + y`.

En C une variable peut être incrémentée avec l'opérateur ++ et décrémentée avec l'opérateur −−. Si l'opérateur est placé avant la variable, la valeur renvoyée par l'expression est la valeur de la variable après l'incrémentation. Si elle est placée après la variable, la variable est incrémentée après l'évaluation de l'expression.

Ex 11) Écrivez de la manière la plus compacte possible les séries d'expression suivantes :

1. `y = x + y; x = x + 1; y = y + 3;`

2. `b1 = b1 && b2; b2 = b1 == b3; b2 = b2 + 1;`

Ex 12) Écrivez un programme qui transforme une lettre minuscule en lettre majuscule.

Types des expressions

Le résultat de l'évaluation d'une expression est typé. Ce type dépend du type des opérandes utilisés. Si les opérandes sont de même type, par exemple l'addition de deux entiers, le résultat est de type `int`.

Si les opérandes sont de type différents, des conversions de types *implicites* ont lieu. En C, ces conversions sont nombreuses et les règles de conversion complexes. Nous reviendrons dessus plus tard.

Il est possible d'expliciter la conversion d'un type en un autre (quand la conversion de type a un sens). Cette opération de conversion explicite s'appelle en C un *cast*. Pour cela, il suffit de mettre le type souhaité devant la valeur à convertir.

Ex 13) Écrivez le programme qui affiche la partie entière des expressions suivantes, si a = 2, b = 3, c = 4, d = 5, e = 6 et f = 7 :

$$a^2 - c + \frac{a}{bc+\frac{c}{d+\frac{e}{f}}} \qquad \frac{-b+b^2-4ac}{2a} \qquad \frac{\frac{1}{a}+\frac{1}{b}}{c+d}$$

Priorités

En notation infixe des expressions, il est nécessaire de fixer des règles de priorité pour déterminer l'ordre d'évaluation des opérateurs. En C, les règles de priorité sont nombreuses, et un tableau les décrivant est disponible à la page 33 du manuel de cours *La programmation du langage C : principes et pratiques.*

Ex 14) Déterminer le résultat des expressions suivantes, avec x = 1 et y = 2 :

```
2 + 3 * 4 + 12 % 3        3 << 4 + 23 - 2 == 5 != 4
  1 != (x++ == -y)              ~ 4 + 22 & 3 && 6
```

scanf

Ex 15) Écrivez un programme qui lit sur l'entrée standard (le clavier) 3 entiers, respectivement, sous forme décimale, octale et hexadécimale; puis qui les affiche sous forme décimale.

Prg.4 Les entrées et les sorties de nombres dans différentes bases

```
#include <stdlib.h>
#include <stdio.h>
int main(void) {
    int x, y, z;

    // lire trois entier décimal, octal et hexadecimal sur
    // l'E/S et le mettre dans x, y, z
    scanf ("%d %o %x", &x, &y, &z);

    // écrire x sur la S/S au format decimal
    printf ( "x = %d <-> y = %d <-> z = %d\n", x, y, z);

    return EXIT_SUCCESS ;
}
```

Ex 16) Écrivez un programme qui lit sur l'entrée standard un réel double, et qui affiche sa partie entière. Faites `man floor`.

Prg.5 Du double à l'int

```
#include <stdlib.h>
#include <stdio.h>
#include <math.h>
int main(void) {
    double x;

    scanf ("%lf", &x);
    int y = floor(x);   // y = (int) floor(x);
    printf ("Partie entier de x = %d \n", y);
    return EXIT_SUCCESS;
}
```

Ex 17) Écrivez un programme qui lit 3 entiers au clavier séparés par le signe `%`, et qui écrit le second sur la sortie standard (l'écran).

Prg.6 Le cas particulier de l'entrée standard %, *

```
#include <stdlib.h>
#include <stdio.h>

int main(void) {
    int x;

    // scanf ("%d%%%d%%%d", &x);

    // '*' est utilisé pour indiquer que la valeur d'entrée ne sera pas affectée
    // à la variable correspondante après sa lecture,
    // c'est-à-dire que la valeur d'entrée sera ignorée.
    scanf ("%*d%%%d%%%*d", &x);

    printf ( "x = %d\n", x);

    return EXIT_SUCCESS ;
}
```

Ex 18) Écrivez un programme qui transforme une lettre minuscule lue sur l'entrée standard en lettre majuscule.

Prg.7 L'entrée et la sortie de caractères

```
#include <stdlib.h>
#include <stdio.h>
#include <ctype.h>

int main(void) {
    char c;

    // lire une lettre minuscule
    scanf("%c", &c);

    // écrire sa conversion en majuscule
```

```
    // c doit être une lettre minuscule
    printf("c = %c => %c\n", c, 'A'+c-'a');

    printf("c = %c => %c\n", c, toupper(c));

    return EXIT_SUCCESS;
}
```

Attention aux réels

Soient $a = 0.0000000000001$ (*i.e.* 10^{-13}), $b = -200$ et $c = 1$ les trois coefficients d'une équation du second degré.

Ex 19) Écrivez un programme C qui affiche le calcul des deux racines réelles de l'équation. Rappel : $r_1 = \frac{-b+\sqrt{\Delta}}{2\times a}$ et $r_2 = \frac{-b-\sqrt{\Delta}}{2\times a}$ avec $\Delta = b^2 - 4 \times a \times c$.

Vous déclarerez les variables `a`, `b`, `c`, `delta`, `r1`, et `r2` de type `double`.

Prg.8 Le type double et la fonction sqrt

```
#include <stdlib.h>
#include <stdio.h>
#include <math.h>

int main(void) {
    const double a = 1e-13, b = -200, c = 1;
    double delta, r1, r2;

    delta = b*b - 4*a*c;

    r1 = (-b + sqrt(delta)) / (2*a);
    r2 = (-b - sqrt(delta)) / (2*a);
    printf("r1 = %lf et r2 = %lf\n", r1, r2);
    return EXIT_SUCCESS ;
}
```

Ex 20) Expliquez le résultat.

Ex 21) Est-ce que le résultat sera différent si on utilise des **long double** ? Testez. Attention, le paramètre de sqrt est un double. Il faudra aussi changer la spécification de conversion du printf.

Prg.9 Le type long double et la fonction sqrtl

```
#include <stdlib.h>
#include <stdio.h>
#include <math.h>

int main(void) {
    const long double a = 1e-13, b = -200, c = 1;
    long double delta, r1, r2;

    delta = b*b - 4*a*c;

    r1 = (-b + sqrtl(delta)) / (2*a);
    r2 = (-b - sqrtl(delta)) / (2*a);
    printf("r1 = %Lf et r2 = %Lf\n", r1, r2);
    return EXIT_SUCCESS ;
}
```

Taille des types

Ex 22) Écrivez un programme qui écrit sur la sortie standard le nombre de bits utilisés pour représenter le type char, tous les types entiers et réels.

Types énumérés

Ex 23) Déclarez le type énuméré booleen à 2 valeurs FAUX et VRAI.

Ex 24) Avec la déclaration du type booleen, affichez les valeurs FAUX et VRAI.

Ex 25) Affichez la valeur FAUX+1.

Prg.10 Définition et la sortie des types d'énumération

```
#include <stdlib.h>
#include <stdio.h>

int main(void) {
    enum booleen {FAUX , VRAI} a, b;
    a = VRAI;
    b = FAUX;
    printf ("value of vrai is : %d\n", a);
    printf ("value of faux is : %d\n", b);
    printf ("value of faux+1 is : %d\n", b+1);
    return EXIT_SUCCESS ;
}
```

Ex 26) Déclarez le type énuméré `couleur` à 4 valeurs : `ROUGE`, `VERT`, `BLEU`, `JAUNE`.

Ex 27) Modifiez la déclaration du type `couleur` pour que les identificateurs possèdent respectivement les valeurs 10, 20, 30 et 40.

Ex 28) Ajoutez au type `couleur` la couleur `ORANGE` juste après la `VERT`. Affichez sa valeur.

Ex 29) Initialiser une variable a = ORANGE

Prg.11 Initialisation des valeurs de type énumération

```
#include <stdlib.h>
#include <stdio.h>

int main(void) {
    enum couleur { ROUGE = 10, VERT = 20, ORANGE, BLEU =
    30, JAUNE = 40};
    enum couleur a;
    a = ORANGE;

    printf ("value of orange is : %d\n", a);

    return EXIT_SUCCESS;
}
```

Ex 30) Est-il possible de décrémenter `c` de 1 ? Testez ? Expliquez.

Conversion de types

Les objets, mais pas tous, peuvent être convertis d'un type vers un autre. Généralement, on distingue deux types de conversion. Les conversions *implicites* pour lesquelles l'opérateur décide de la conversion à faire en fonction de la nature des opérandes ; les conversions *explicites*, pour lesquelles le programmeur est responsable de la mise en œuvre de la conversion à l'aide d'une notation adéquate.

Les règles de conversions implicites des opérandes sont parfois dangereuses.

Ex 31) Testez le petit programme suivant et expliquez son résultat.

Prg.12 Conversions implicites

```
#include <stdio.h>
#include <stdlib.h>

int main(void) {
    unsigned int x = 0;
    printf("%d\n", x > -1);
    return EXIT_SUCCESS;
}
```

Ex 32) Écrivez un programme qui lit sur l'entrée standard une valeur réelle (**double**) en degré Celsius et qui affiche sa conversion en degré Fahrenheit sous forme d'un entier (**int**). La relation qui lie ces deux unités est :

$$F = \frac{9 \times C}{5} + 32$$

Prg.13 Conversion des unités de température

```
#include <stdlib.h>
#include <stdio.h>

```

```
int main(void) {
    double c;
    int f;
    printf ("enter centigrade degree: ");
    scanf ("%lf", &c);
    f = (int) 9*c/5 + 32;
    printf ("the f degree is %d \n", f);

    return EXIT_SUCCESS;
}
```

Ex 33) Écrivez un programme qui lit sur l'entrée standard une valeur réelle représentant des secondes et des centièmes de seconde (*e.g.* 1004.54 égal 1004 secondes et 54 centièmes de secondes) et qui affiche sur la sortie standard une durée dans un format : heures, minutes, secondes et centièmes (*e.g.* $0h$ $16m$ $44s$ $54''$).

Prg.14 Sortir l'heure selon le format standard

```
#include <stdlib.h>
#include <stdio.h>

int main(void) {
    int heure, minute, second, centi;
    double enter_value;
    printf ("enter a float to present a period: ");
    scanf ("%lf", &enter_value);
    int integer_part = (int) enter_value;
    double float_part = enter_value - integer_part;
    heure = integer_part/3600;
    minute = integer_part%3600/60;
    second = integer_part - heure*3600 - minute*60;
    centi = (int)(float_part*100);
    printf ("the period is %d hour, %d minute, %d second
   and %d centisecond \n", heure, minute, second, centi);

    return EXIT_SUCCESS ;
}
```

2.3 Résoudre de l'équation du second degré

L'énoncé if

Ex 1) Écrivez un programme qui demande à l'utilisateur de saisir un entier relatif x ($x \in \mathbb{Z}$) et qui indique, d'une part, si ce nombre est positif, nul ou négatif, et d'autre part, si ce nombre est pair ou impair.

Prg.15 Déterminer la taille et la parité d'une valeur

```
#include <stdlib.h>
#include <stdio.h>

int main(void) {
    int x;
    // lire un entier sur l'E/S
    scanf("%d", &x);
    // verifier le signe de x
    printf("le nombre de %d est ", x);
    if (x < 0)
        printf("négatif");
    else
        // x >= 0
        if (x == 0)
            printf("nul");
        else
            printf("positif");
    // verifier la parite de x
    printf(" et ");
    if ((x & 1) == 0) // (x % 2) == 0
        printf("pair\n");
    else
        printf("impair\n");
    //
    return EXIT_SUCCESS;
}
```

Ex 2) Écrivez un programme qui résout l'équation $ax + b = 0$ (a et b, 2 réels **double**, sont à saisir par l'utilisateur). Bien évidemment, on n'oubliera pas tous les cas particuliers (notamment les cas "tout x est solution" et "pas de solution").

Prg.16 Résoudre de l'équation linéaire

```
#include <stdlib.h>
#include <stdio.h>

int main(void) {

    double a,b;
    // lire 2 réels double coefficients de l'équation ax + b = 0
    scanf("%lf %lf", &a, &b);
    if(a != 0)
        // a!= 0
        printf("the solution is : %f \n", -b/a);
    else {
        // a == 0
        if(b == 0)
            printf("tout x est solution\n");
        else
            // b!= 0
            printf("pas de solution\n");
    }

    return EXIT_SUCCESS;
}
```

Ex 3) Écrivez un programme qui demande à l'utilisateur de saisir 3 nombres entiers (**int**) au clavier et qui les affiche par ordre croissant. À l'exécution, le programme fera au minimum 2 comparaisons, et au maximum 3 comparaisons, pour déterminer l'ordre.

Ex 4) Écrivez un programme qui résout l'équation $ax^2+bx+c=0$ (a, b, et c sont à saisir par l'utilisateur) en envisageant tous les cas particuliers.

Remarques

— Calcul du discriminant : $\Delta = b^2 - 4ac$

— Calcul des racines :

  — si $\Delta < 0$, deux racines complexes $r_1 = r_2 = \frac{-b}{2a}$ et $i_1 = \frac{\sqrt{-\Delta}}{2a}$, $i_2 = -i_1$;

  — si $\Delta \geqslant 0$, deux racines réelles $r_1 = \frac{-b+\sqrt{\Delta}}{2a}$ et $r_2 = \frac{-b-\sqrt{\Delta}}{2a}$

Notez que pour le calcul des racines réelles et afin d'éviter des erreurs de calcul, il est nécessaire de calculer d'abord la racine la plus grande en valeur absolue, puis de calculer la seconde à partir du produit $r_2 = \frac{c}{ar_1}$.

Le calcul de la racine carrée se fait via l'utilisation de la fonction `sqrt`. Pour l'utiliser, vous devez inclure le fichier d'en-tête `math.h` et charger la bibliothèque mathématique au moment de la compilation (option `-lm`)

Prg.17 Résoudre de l'équation du second degré

```
#include <stdlib.h>
#include <stdio.h>
#include <math.h>

int main(void) {
    double a, b, c;
    double delta, r1, r2, i1, i2;
    /* lire sur l'E/S les 3 coefficients de
     * l'équation du second degre ax^2 + bx + c = 0
     * avec a != 0
     */
    scanf("%lf %lf %lf", &a, &b, &c);

    if (a == 0)
        fprintf(stderr, "à doit être non nul\n");
    else {
```

```
    delta = b*b - 4*a*c;
    if (delta >= 0){
        // calculer la racine la plus grande en valeur absolue
        if (b >= 0)
            r1 = -(b + sqrt(delta)) / (2*a);
        else
            // b < 0
            r1 = (-b + sqrt(delta)) / (2*a);
            /* r1 est la racine la plus grande en
             * valeur absolue
             */

            // calculer r2 à partir du produit r1r2 = c/a
            if (r1 != 0)
                r2 = c/(a*r1);
            else
                r2 = 0.0;
                i1 = i2 = 0.0;
    }
    else {
        // calculer les racines complexes
        r1 = r2 = -b / (2*a);
        i1 = sqrt(-delta) / (2*a);
        i2 = -i1;
    }
  // écrire les 2 racines sur la S/S
  printf("r1 = (%f, %f) et r2 = (%f, %f)\n",
          r1, i1, r2, i2);
  }
  return EXIT_SUCCESS;
}
```

L'énoncé switch

Ex 5) À l'aide de l'énoncé `switch`, écrivez un programme qui lit un entier sur l'entrée standard représentant le numéro d'un mois et qui affiche le mois en toutes lettres (janvier=1, février=2, *etc*). On vérifiera que le numéro du mois lu appartient bien à l'intervalle [1; 12].

Prg.18 Utilisez l'instruction switch pour afficher la chaîne du mois

```
#include <stdlib.h>
#include <stdio.h>
#include <assert.h>

int main(void) {
    int mois;
    // lire un numéro de mois sur l'E/S
    scanf("%d", &mois);
    //
    assert(mois >= 1 && mois <= 12);
    // mois dans [1;12]
    /*
    if (mois < 1 || mois > 12){
        fprintf(stderr, "mois inconnu\n");
        return EXIT_FAILURE;
    }
    */
    switch (mois){
    case 1: printf("janvier\n");break;
    case 2: printf("février\n");break;
    case 3: printf("mars\n");break;
    case 4: printf("avril\n");break;
    case 5: printf("mai\n");break;
    case 6: printf("juin\n");break;
    case 7: printf("juillet\n");break;
    case 8: printf("août\n");break;
    case 9: printf("septembre\n");break;
    case 10: printf("octobre\n");break;
    case 11: printf("novembre\n");break;
    case 12: printf("décembre\n");break;
    default: fprintf(stderr, "mois inconnu\n");
    }
    return EXIT_SUCCESS;
}
```

Ex 6) Écrivez un programme qui lit sur l'entrée standard le numéro d'un mois et l'année et qui calcule et affiche le nombre de jours dans le mois correspondant. Attention, le mois de février compte 29 jours pour une année bissextile. Une année bissextile est une année divisible par 4 mais pas par 100, ou alors divisible par 400.

2.4 La date du lendemain

On désire écrire un programme qui affiche la date du lendemain. La date du jour est représentée par trois entiers : jour, mois et année. Le calcul de la date du lendemain ne pourra se faire que sur une date valide dont l'année est postérieure à 1583. La date du lendemain sera écrite sur la sortie standard avec le mois en toutes lettres. Pour écrire ce programme, vous suivrez l'algorithme ci-dessous :

```
{ lire le jour, le mois et l'année }
{ vérifier si la date est valide }
si non valide alors
    { signaler l'erreur }
sinon
    { calculer la date du lendemain et }
    { afficher la date du lendemain }
finsi
```

Remarques :

— la date aura le format *jj/mm/aaaa* (*e.g. 13/11/2023*) ;

— il faudra tenir compte des années bissextiles.

Structuration du programme « date du lendemain »

Nous allons reprendre le programme de la date du lendemain et le construire progressivement à l'aide de fonctions. Vous allez voir comment les fonctions vous permettront de structurer de façon cohérente votre programme.

Ex 1) Écrivez la fonction `écrireDate` qui prend 3 paramètres, jour, mois, et année et qui écrit sur la sortie standard la date avec le mois en toutes lettres. Cette fonction possède l'en-tête suivant :

```
/* Antécédent : jour, mois, année représentent une date valide
 * Conséquent : la date est écrite sur la sortie standard avec
 *               le mois en toutes lettres
 */
void écrireDate(const int jour, const int mois, const int annee)
```

Ex 2) Écrivez la fonction `main` qui lit sur l'entrée standard trois entiers : jour, mois et année et qui écrit sur la sortie standard la date à l'aide de la fonction précédente `écrireDate`.

Ex 3) Testez votre programme.

Ex 4) Écrivez maintenant la fonction `bissextile` qui teste si une année passée en paramètre est bissextile ou non. L'en-tête de la fonction est le suivant :

```
/* Antécédent : annee ⩾ AnneeMin */
/* Conséquent : bissextile = vrai si l'année est bissextile , et faux sinon
 */
int bissextile(const int annee)
```

Ex 5) Écrivez la fonction `joursDansMois` qui renvoie le nombre de jour d'un mois d'une année donnée. Le mois et l'année sont passés en paramètre à la fonction. Vous utiliserez `bissextile` dans cette fonction. Son en-tête est le suivant :

```
/* Antécédent : mois, annee, deux entiers qui représentent un mois
 *              et une année valides
 * Conséquent : renvoie le nombre de jour dans le mois (⩾28 et ⩽31)
 */
int joursDansMois(const int mois, const int annee)
```

Ex 6) Écrivez la fonction `valide` qui teste si une date représentée par 3 entiers (jour, mois, annee) passés en paramètre est valide ou non. Vous utiliserez la fonction précédente `joursDansMois` pour écrire la fonction `valide`.

Ex 7) Enfin, en utilisant les fonctions précédentes, écrivez et testez le programme du calcul de la date du lendemain selon l'algorithme donné au début du sujet.

Prg.19 Le lendemain

```
/*
 * Ce programme lit une date formée par 3 entiers :
 * jour, mois et année au format jj/mm/aaaa, et affiche
 * sur la S/S la date du lendemain avec le mot en toutes
 * lettres
 */

#include <stdio.h>
#include <stdlib.h>
#include <assert.h>

enum booleen {faux, vrai};
const int AnneeMin=1583;

/*
 * Antécédent : (jour, mois, annee) représente une date
 *              valide
 * Conséquent : la date est écrite sur la S/S avec le mois
 *              en toutes lettres
 */
void ecrireDate(const int jour, const int mois, const int
          annee)
{
    printf("%2d ", jour);
    switch (mois) {
    case 1 : printf("janvier"); break;
    case 2 : printf("février"); break;
    case 3 : printf("mars"); break;
    case 4 : printf("avril"); break;
```

```
    case 5  : printf("mai"); break;
    case 6  : printf("juin"); break;
    case 7  : printf("juillet"); break;
    case 8  : printf("août"); break;
    case 9  : printf("septembre"); break;
    case 10  : printf("octobre"); break;
    case 11  : printf("novembre"); break;
    case 12  : printf("décembre");
    }
    printf(" %4d\n", annee);
}

/*
 * Antécédent  : (jour, mois, annee) représente une date
 *               valide
 * Conséquent  : la date est écrite sur la S/S avec le mois
 *               en toutes lettres suivie d'un newline
 */
void ecrireLnDate(const int jour, const int mois, const
                  int annee)
{
    ecrireDate(jour, mois, annee);
    printf("\n");
}

/*
 * Antécédent : annee >=  AnneeMin
 * Conséquent : bissextile = vrai si l'année est bisextile,
 *              et faux sinon
 */
enum booleen bissextile(int annee) {
    return (annee % 4 == 0 && annee % 100 != 0) || (annee
            % 400 == 0);
}

/*
 * Antécédent : mois, annee représente un mois et une année
```

```
 *               valides
 * Conséquent : renvoie le nombre de jours dans le mois de
 *               l'année donnés
 */
int joursDansMois(const int mois, const int annee) {
    assert(mois >= 1 || mois <= 12);
    switch (mois) {
    case 1 :
    case 3 :
    case 5 :
    case 7 :
    case 8 :
    case 10 :
    case 12 : return 31;
    case 4 :
    case 6 :
    case 9 :
    case 11 : return 30;
    case 2 : // cas particulier du mois de fevrier [28; 29]
        return bissextile(annee) ? 29 : 28;
    }
    // pour faire plaisir au compilateur
    return -1;
}

/*
 * Antécédent  : jour, mois, annee 3 entiers quelconques
 * Conséquent  : renvoie vrai si (jour, mois, annee)
 *               représente une date valide et faux sinon
 */
enum booleen dateValide(const int jour, const int mois,
                        const int annee)
{
    // 1) vérifier l'année
    if (annee < AnneeMin) return faux;
    // l'annee est valide => vérifier le mois
    if (mois < 1 || mois > 12) return faux;
```

```
    // l'année et le mois sont valides => vérifier le jour
    return jour >= 1 && jour <= joursDansMois(mois,annee);
}

int main(void) {
    int jour, mois, annee;
    // 1) lire la date au format jj/mm/aaaa
    scanf("%2d/%2d/%4d", &jour, &mois, &annee);
    // 2) vérifier si la date est valide
    // 3) si la date n'est pas valide => message d'erreur

    if (!dateValide(jour, mois, annee)){
        fprintf(stderr, "Date invalide\n");
        return EXIT_FAILURE;
    }
    else {
        // la date est valide :
        // calculer la date du lendemain
        //
        if (jour < joursDansMois(mois, annee))
            jour++;
        else {
            // dernier jour du mois
            jour = 1;
            if (mois < 12) mois++;
            else {
                // dernier jour de l'année
                mois = 1;
                annee++;
            }
        }
        // écrire la date du lendemain avec le mois en toutes lettres
        ecrireDate(jour, mois, annee);
    }
    return EXIT_SUCCESS;
}
```

2.5 La mise en œuvre des opérations mathématiques

Ex 1) En mathématiques, la factorielle d'un entier naturel n, notée $n!$ et appelée « factorielle de n » ou « factorielle n », est le produit des nombres entiers strictement positifs inférieurs ou égaux à n. Soit $n \in \mathbb{N}$, sa factorielle est formellement définie par :

$$n! = \prod_{i=1}^{n} i = 1 \times 2 \times 3 \times \cdots \times (n-1) \times n$$

Écrivez deux fonctions qui prennent comme paramètre donné ce nombre n et qui renvoient sa factorielle :

— La première, nommée `int factorielleCroissant(const int n)`, utilise une boucle **while** croissante, comme précédemment ;

— La seconde, nommée `int factorielleDecroissant(const int n)`, utilise une boucle **while** décroissante.

Important : Commencez par chercher les invariants de boucles.

Ex 2) Testez vos deux fonctions.

Ex 3) Quelle est la plus grande valeur de n pour laquelle le calcul de factorielle avec vos deux fonctions est valide sur le type `int`.

Prg.20 Calcul de factorielle

```
#include <stdio.h>
#include <stdlib.h>
#include <limits.h>

/*
 * Antécédent : n >= 0
 * Rôle : renvoie n!
 */
unsigned long long int factorielleCroissante(const
        unsigned long long int n) {
```

```
    unsigned long long int i = 0, fact = 1;
    while(i < n){
        i++;
        fact = fact * i;
    }
    // fact = i! et i = n => fact = n!
    return fact;
}

/*
 * Antécédent : n >= 0
 * Rôle  : renvoie n!
 */
unsigned long long int factorielleDecroissante(const
            unsigned long long int n) {
    unsigned long long int i = n, fact = 1;
    // invariant : fact = n!/i!
    while(i > 0){
        // fact = n!/i! <=> fact*i = n!*i/i!
        // <=> fact*i = n!/(i-1)!
        fact = fact*i;
        // fact = n!/(i-1)!
        i--;
        // fact = n!/i!
    }
    // fact = n!/i! et i = 0 => fact = n!
    return fact;
}

int main(void) {
    unsigned long long int n;
    scanf("%llu", &n);

    printf("%llu! = %llu\n", n,
            factorielleCroissante(n));
    printf("%llu! = %llu\n", n,
            factorielleDecroissante(n));
```

```
    // rechercher le plus grand entier n tel que
    /* factorielle(n) <= INT_MAX */
    unsigned long long int factM1 = 1;
    n = 1;
    while (n <= ULLONG_MAX/factM1)
        // on peut calculer un nouveau fact(n+1)
        factM1 = factorielleCroissante(++n);

    printf("n = %llu - fact(%llu) = %llu - INT_MAX =
            %llu\n", n, n, factM1, ULLONG_MAX);
    printf("%llu\n", ULLONG_MAX);
    printf("%llu\n", factorielleCroissante(n));
    return EXIT_SUCCESS;
}
```

Ex 4) La division entière de deux entiers naturels a et b se définit comme suit :

$$\forall a \geqslant 0,\ b > 0,\ a = q \times b + r,\ 0 \leqslant r < b$$

Pour calculer la division entière, nous allons procéder par soustractions successives de la valeur b de a jusqu'à ce que le résultat de la soustraction soit inférieur à b.
Écrivez la fonction `int quotient(const int a, const int b)` basée sur cet algorithme et construite autour d'une boucle **`while`**.

Prg.21 Opération de division

```
#include <stdlib.h>
#include <stdio.h>

/*
 * Antécédent : a >= 0, b > 0
 * Rôle : renvoie le quotient de a par b
 */
int quotient(const int a, const int b) {
    int q = 0, r = a;
```

```
    // a = bq + r = r
    while (r >= b) {
        q++;
        r -= b;
        // a = (q + 1)*b + r
        // a = q*b + r
    }
    // a = q*b + r r<b
    return q;
}

/*
 * Antécédent : a >= 0, b > 0
 * Rôle : renvoie le reste de a par b
 */
int reste(const int a, const int b) {
    return a - b*quotient(a, b);
}

int main(void) {
    int x, y;
    scanf("%d%d",&x,&y);

    printf("%d / %d = %d\n", x, y, quotient(x,y));
    printf("%d %% %d = %d\n", x, y, reste(x,y));
    return EXIT_SUCCESS;
}
```

Ex 5) Le produit de deux entiers x et y consiste à sommer y fois la valeur x.

$$x \times y = \underbrace{x + x + \cdots + x}_{y \text{ fois}}$$

À l'aide de l'énoncé **while**, écrivez la fonction **int** produit(**int** x, **int** y) qui suit cet algorithme.

Ex 6) Il est toutefois possible d'améliorer cet algorithme rudimentaire en multipliant le produit calculé par deux et en divisant y par deux chaque fois que y est pair. Les opérations de multiplication et de division par deux sont des opérations très efficaces puisqu'elles consistent à décaler de un bit vers la gauche ou vers la droite. Récrivez la fonction `produit` basée sur cet algorithme et construite autour de deux boucles **`while`** emboitées.

Prg.22 Opération de multiplication

```
#include <stdlib.h>
#include <stdio.h>

/*
 * Antécédent : a >= 0 et b >= 0
 * Rôle : renvoie le produit a*b
 */
int produit(const int a, const int b) {
    int x = a, y = b, p = 0;
    // a*b = x*y + p
    while(y > 0) {
        // a*b = x*y + p =>
        // a*b = x*y + p + x - x =>
        // a*b = x*(y-1) + p + x
        y--;
        // a*b = x*y + p + x
        p += x;
        // a*b = x*y + p
    }
    // a*b = x*y + p et y = 0 => p = a*b
    return p;
}

/*
 * Antécédent : a >= 0 et b >= 0
 * Rôle : renvoie le produit a*b
 */
int produit2(const int a, const int b) {
    // on pose x = a et y = b
```

```
    int x = a, y = b, p = 0;
    // a*b = p + x*y
    while (y>0) {
        // a*b = p + x*y et y > 0
        while ((y & 1) == 0) {
            // a*b = p + x*y et y = (y/2)*2 > 0
            // a*b = p + 2x*(y/2) et y = (y/2)*2 > 0
            y >>= 1;
            // a*b = p + 2x*y
            x <<= 1;
            // a*b = p + x*y
        }
        // a*b = p + x*(y - 1) + x et y > 0, y est impair
        p += x;
        // a*b = p + x*(y - 1) et y est impair
        y--;
        // a*b = p + x*y
    }
    // y = 0 et a*b = p + x*y = p
    return p;
}

int main(void) {
    int x, y;
    scanf("%d %d", &x, &y);

    printf("%d * %d = %d\n", x, y, produit(x,y));
    printf("%d * %d = %d\n", x, y, produit2(x,y));

    return EXIT_SUCCESS;
}
```

Ex 7) À l'aide de l'énoncé **for**, écrivez la fonction somme qui renvoie la somme $\sum_{i=1}^{n} 1/i = 1 + 1/2 + \ldots + 1/n$ avec n entier (**int**). L'en-tête de cette fonction est le suivant :

```
/*
 * Antécédent  : n>0
 * Conséquent  : renvoie la somme 1+1/2/+1/3+ ...+1/n
 */
double somme(const int n)
```

Prg.23 Opération d'accumulation de fractions

```
#include <stdio.h>
#include <stdlib.h>

/*
 * Antécédent  : n > 0
 * Conséquent  : renvoie la somme 1+1/2+1/3+...+1/n
 */
double somme(const int n) {
    double som = 1;
    for (int i = 2; i <= n; i++)
        som += 1.0/i;
        // som = 1+1/2+1/3+...+1/n
    //
    // som = 1+1/2+1/3+...+1/n
    return som;
}

int main(void) {
    int n;

    scanf("%d", &n);

    printf("Somme = %f\n", somme(n));

    return EXIT_SUCCESS;
}
```

Ex 8) Écrivez une procédure qui affiche la suite de valeurs de la fonction $f(x) = x^3/2$ calculées sur un intervalle d'entiers $[a; b]$ qui sera passé en paramètre de la procédure.

2.6 La sortie de graphiques via le terminal

Ex 9) Dans les exercices qui suivent, nous allons *dessiner* des triangles isocèles sur la sortie standard en utilisant le caractère `'*'`. Un triangle est dit isocèle si :

— Un triangle a deux côtés de même longueur.

— Un triangle a deux angles de même mesure.

— Un triangle a un axe de symétrie.

La Fig.2.1 illustre un triangle isocèle de sommet A et de base $[BC]$.

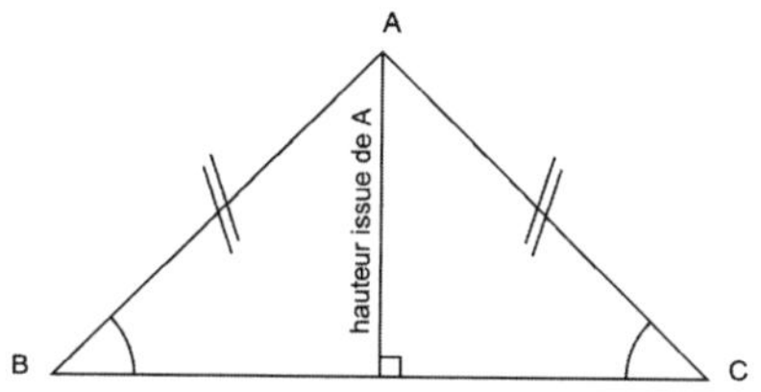

FIG.2.1 Triangle isocèle

— Écrivez une fonction dessinant un triangle isocèle tel que $AB = AC = n$. Si $n = 6$, la sortie standard doit afficher comme la Fig.2.2(a).

Ex 10) Écrivez une fonction dessinant un triangle isocèle tel que $BC = 2n - 1$ et tel que sa hauteur issue de A soit égale n. Si $n = 4$, la sortie standard doit afficher comme la Fig.2.2(b).

Ex 11) Écrivez une fonction dessinant un triangle isocèle tel que $BC = 2n - 1$ et tel que sa hauteur issue de A soit égale n. Si $n = 6$, la sortie standard doit afficher comme la Fig.2.2(c).

```
*                     *                      *
**                    **                    ***
***                   ***                  *****
****                  ****                *******
*****                 ***                *********
******                **                ***********
                      *
```

(a) $AB = AC = 6$ (b) $BC = 2n - 1, n = 4$ (c) $BC = 2n - 1, n = 6$

FIG.2.2 Les triangles isocèles

Prg.24 Dessiner des triangles isocèles

```
#include <stdio.h>
#include <stdlib.h>

/*
 * Antécédent : n > 0
 * Rôle : écrit une suite de n étoiles sur la S/S
 */
void ecrireEtoiles(const int n) {
    for(int i = 0; i < n; i++)
        putchar('*');
}


/*
 * Antécédent : n > 0
 * Rôle : écrit une suite de n espaces sur la S/S
 */
void ecrireEspaces(const int n) {
    for(int i = 0; i < n; i++)
        putchar(' ');
}

/*
 * Antécédent : n>0
 * Rôle : écrit une suite de n étoiles sur la S/S
```

```
 *          terminée par un newline
 */
void ecrireLnEtoiles(const int n) {
    ecrireEtoiles(n);
    putchar('\n');
}

/*
 * Rôle : dessine sur la S/S un triangle isocèle tel
 *          que AB = AC = n
 */
void isocele1(int n) {
    for (int i = 1; i <= n; i++) {
        // écrire i étoiles sur la ligne i
        ecrireLnEtoiles(i);
        // un triangle isocele1(i) a été dessine
    }
    // un triangle isocele1(n) a été dessine
}

/*
 * Rôle : dessine sur la S/S un triangle isocèle
 *          miroir de isocele1
 */
void isocele1Miroir(const int n) {
    for(int i = n; i > 0; i--)
        ecrireLnEtoiles(i);
}

/*
 * Rôle : dessine sur la S/S un triangle isocèle tel
 *          que BC = 2n-1 et la hauteur issue de A égale n
 */
void isocele2(int n) {
    isocele1(n);
    isocele1Miroir(n-1);
}
```

```
/*
 * Rôle : dessine sur la S/S un triangle isocèle tel
 *        que BC = 2n-1 et la hauteur issue de A égale n
 */
void isocele3(int n) {
    for (int i = 1; i <= n; i++) {
        // 1) écrire n-i espaces
        ecrireEspaces(n-i);
        // 2) écrire des étoiles
        ecrireLnEtoiles(2*i-1);
    }
}

int main(void) {
    int n;
    scanf("%d", &n);
    isocele1(n);
    printf("------------------------------\n");
    isocele2(n);
    printf("------------------------------\n");
    isocele3(n);
    return EXIT_SUCCESS;

}
```

2.7 L'estimation de la valeur de π à l'aide de la méthode de Monte-Carlo

Ex 1) La méthode Monte-Carlo consiste à calculer une valeur numérique en utilisant des procédés aléatoires et des techniques probabilistes. Nous allons utiliser cette méthode pour calculer une approximation de π.

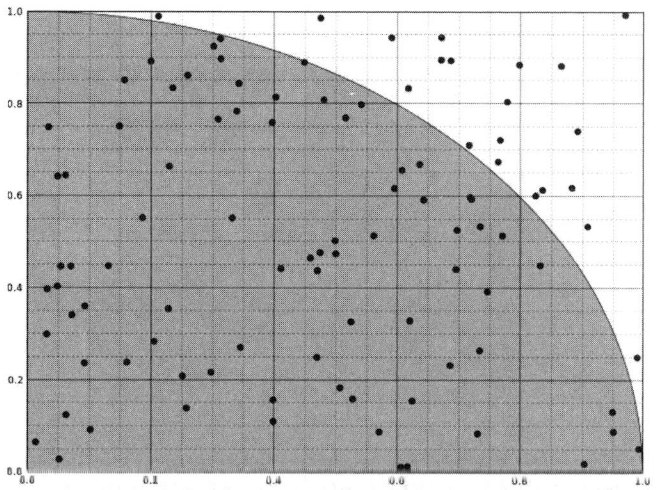

FIG.2.3 Calculer Pi

Soit un point M de coordonnées (x, y), où $0 \leqslant x < 1$ et $0 \leqslant y < 1$. On tire aléatoirement et de façon uniforme n valeurs x et y. Le point M appartient au cercle de centre $(0, 0)$ de rayon 1 si et seulement si $x^2 + y^2 \leqslant 1$. Rappel : d'une façon générale, un point $M = (x, y)$ appartient à un cercle de centre (a, b) et de rayon r, si $(x - a)^2 + (y - b)^2 \leqslant r^2$.

La probabilité que le point M appartienne au cercle est égale à $S_c/S_k = \pi/4 = m/n$, où S_c est la surface du cercle, S_k est la surface du carré, et m le nombre de points M appartenant au cercle. On a donc $\pi/4 = m/n$ et donc $\pi = (m \times 4)/n$.

Ex 2) Écrivez un programme C qui calcule une approximation de π par cette méthode. Vous pourrez utiliser la fonction `drand48` qui renvoie un réel tiré au hasard de façon uniforme sur l'intervalle $[0; 1]$.

Prg.25 Calculer Pi

```
#include <stdlib.h>
#include <stdio.h>
#include <time.h>

/*
```

```
 * Antécédent  : 0 <= x < 1 et 0 <= y < 1
 * Rôle : Renvoie 1 si le point (x,y) appartient au
 *        cercle de rayon 1 et de centre (0,0),
 *        0 sinon
 */
int dansCercle(const double x, const double y) {
    return x*x + y*y < 1;
}

/*
 * Antécédent  : n>0 nombre de tirages aléatoires
 * Rôle  : renvoie une approximation de pi selon la
 *        methode de Monte-Carlo
 */
double pi(const int n) {
    int m=0;
    // faire n tirages aléatoires de points (x, y)
    for(int i = 0; i < n; i++) {
        /* rand() / (double)(RAND_MAX) */
        double x = drand48();
        /* (double)(RAND_MAX); */
        double y = drand48();
        m += dansCercle(x, y);
        //if(dansCercle(x, y))
            // le point (x, y) est dans le cercle
        // m++;
    }
    return m*4.0/n;
}

int main(void) {
    srand48(time(NULL));
    double n;
    scanf("%lf", &n);
    printf("pi = %lf\n", pi(n));
    return EXIT_SUCCESS;
}
```

2.8 Opérations sur les matricielles

Ex 1) Écrivez une procédure `initTab` qui initialise un tableau de n entiers de façon aléatoire à l'aide de la fonction `rand`. Les entiers seront pris sur l'intervalle $[0;99]$. Le tableau et le nombre d'entiers n sont passés en paramètre de la procédure.

Ex 2) Ajoutez la procédure `printTab` qui écrit un tableau de n entiers sur la sortie standard. On pourra écrire `INTPARLIG entiers` par ligne.

Ex 3) Écrivez un programme pour tester vos deux procédures précédentes.

Ex 4) Complétez le programme précédent avec la fonction `max` qui renvoie la valeur maximale du tableau. Vous utiliserez cette fonction dans la fonction `main` pour écrire sur la sortie standard la valeur maximale du tableau.

Ex 5) Écrivez la fonction `rechercher` qui cherche un entier e dans le tableau d'entiers précédent. L'entier e est passé en paramètre à la fonction. La fonction renvoie l'indice de l'entier si il est trouvé dans le tableau, et -1 sinon.

Prg.26 Opérations sur les tableaux à une dimension

```
#include <stdio.h>
#include <stdlib.h>
#include <time.h>
#include <assert.h>

/*
 * Antécédent : n > 0
 * Rôle : initialisation de façon aléatoire le
 *        tableau d'entiers t de longeur n
```

```
 */
void initTab(const int n, int t[]) {
    for(int i = 0; i < n; i++)
        t[i] = rand()%100;
}

/*
 * Antécédent : n>0
 * Rôle : écrit sur la S/S le tableau d'entiers t de
 *        longeur n
 */
void ecrireTab(const int n, const int t[], const int
                intParLig)
{
    int k = 0;
    for(int i = 0; i < n; i++){
        printf("%3d", t[i]);
        if(++k == intParLig){
            // on a écrit iniParLig entiers
            printf("\n");
            k = 0;
        }
    }
    // écrire le newline si on a pas
    // écrire les intParLig entiers de la dernière ligne
    if(k != 0) printf("\n");
}

/*
 * Antécédent : n > 0
 * Rôle : renvoie l'entier max du tableau t de
 *        longueur n
 */
int max(const int n, const int t[]) {
    int m;
    for(int i = 0; i < n; i++)
        if(t[i] > m) m = t[i];
```

```
    return m;
}

/*
 * Antécédent : n > 0
 * Rôle : recherche l'entier e dans le tableau t
 *        de longueur n. renvoie l'indice de cet
 *        entier s'il est trouve et -1 sinon
 */
int rechercher(const int n, const int t[], const int e) {
    for(int i = 0; i < n; i++)
        if(t[i] == e) return i;
    /*do{
     *  if(t[i] == e) return i;
     *  i++;
     *} while(i < n);
     */
    // e n'est pas dans t
    return -1;
}

int main(void) {
    // srand(time(NULL));

    int size;
    scanf("%d", &size);
    assert(size > 0);
    // size > 0

    int tab[size];

    initTab(size, tab);
    ecrireTab(size, tab, 5);

    printf("max = %d\n", max(size, tab));
    printf("i = %d\n", rechercher(size, tab, 93));
```

```
    return EXIT_SUCCESS;
}
```

Ex 6) Écrivez une procédure qui lit n notes (des réels doubles) sur l'entrée standard et qui les mémorise dans un tableau. Écrivez une seconde fonction qui calcule la moyenne des notes contenues dans le tableau. À chaque fois, le tableau est passé en paramètre. Testez vos fonctions.

Prg.27 Calculer la moyenne d'un tableau à une dimension

```
#include <stdio.h>
#include <stdlib.h>
#include <assert.h>

/*
 * Antécédent : n > 0
 * Rôle : lit n notes sur l'entrée standard et les
 *        mémorises dans le tableau t
 */
void lireNotes(const int n, double t[]) {
    for(int i = 0; i < n; i++)
        scanf("%lf", &t[i]);
}

/*
 * Antécédent : n > 0 et t tableau de n notes
 * Rôle : renvoie la moyenne des notes contenues dans
 *        le tableau t
 */
double moyenne(const int n, const double t[]) {
    double som = 0.0;
    for(int i = 0; i < n; i++)
        som += t[i];
    // n > 0
    return som/n;
}

int main(void) {
```

```
    int n;
    /* printf("Nombre de notes a lire ? > \n"); */
    scanf("%d", &n);
    assert(n > 0);

    double lesNotes[n];
    lireNotes(n, lesNotes);
    printf("Moyenne = %.2lf\n", moyenne(n, lesNotes));

    return EXIT_SUCCESS;
}
```

Ex 7) Écrivez un programme qui calcule le produit scalaire de deux vecteurs $\overrightarrow{v}$ et $\overrightarrow{w}$.

Rappel : Si $\overrightarrow{v}$ et $\overrightarrow{w}$ sont deux vecteurs de dimension n :

$$\overrightarrow{v} = \begin{pmatrix} v_1 \\ v_2 \\ \vdots \\ v_n \end{pmatrix} \quad \text{et} \quad \overrightarrow{w} = \begin{pmatrix} w_1 \\ w_2 \\ \vdots \\ w_n \end{pmatrix}$$

alors, le produit scalaire se définit comme suit :

$$\overrightarrow{v}.\overrightarrow{w} = x_1y_1 + x_2y_2 + \ldots + x_ny_n = \sum_{i=1}^{n} x_iy_i$$

Vous écrirez trois fonctions : celle pour calculer le produit scalaire, et deux autres, pour initialiser un vecteur de façon aléatoire, et pour l'afficher.

Prg.28 Fonction de multiplication vectorielle

```
/*
 * two vector dotproduct
 * condition : t1[N],t2[N]
 * result : dotprouct of t1 and t2
 */

int dotproduct(int t1[],int t2[], int n){
```

```
    int i, r = 0;
    for (i = 0; i < n; i++)
    r += t1[i]*t2[i];
    return r;
}
```

Ex 8) Écrivez et testez deux fonctions. La première, `identite`, initialise une matrice $n \times n$ à la matrice identité. La seconde, `ecrireMat`, écrit sur la sortie standard une matrice $n \times n$.

Les fonctions `identite` et `ecrireMat` possèdent les en-têtes suivants :

```
void identite(const int n, int mat[][n])
void ecrireMatrice(const int n, const int mat[][n])
```

Enfin, le programme a la forme suivante :

```
int main(void) {
    int n;
    scanf("%d", &n);
    assert(n > 0);
    // déclaration de la matrice
    int matrice[n][n];
    identite(n, matrice);
    ecrireMatrice(n, matrice);
    return EXIT_SUCCESS;
}
```

Prg.29 Initialisation et sortie d'un tableau à deux dimensions

```
#include <stdio.h>
#include <stdlib.h>
#include <assert.h>

/*
 * Antécédent : n > 0
 * Rôle : la matrice mat est initialisée à la matrice
 *        identite
```

```
 */
void identite(const int n, int mat[][n]) {
    for(int i = 0; i < n; i++) {
        for(int j = 0; j < n; j++)
            mat[i][j] = 0;
        //
        mat[i][i] = 1;
    }
            // mat[i][j] = (i == j) ? 1 : 0;
    // if(i == j)
    // mat[i][j] = 1;
    // else
    // mat[i][j] = 0;
}

/*
 * Antécédent : n > 0
 * Rôle : écrit la matrice mat sur la S/S
 */
void ecrireMatrice(const int n, const int mat[][n]) {
    for(int i = 0; i < n; i++) {
        // écrire la ligne i
        for(int j = 0; j < n; j++)
            printf("%3d", mat[i][j]);
        //
        printf("\n");
    }
}

int main(void) {

    int n;
    scanf("%d", &n);
    assert(n > 0);
    // déclaration de la matrice
    int matrice[n][n];
```

```
    identite(n, matrice);
    ecrireMatrice(n, matrice);

    return EXIT_SUCCESS;
}
```

Ex 9) On veut maintenant manipuler des matrices $m \times n$. Modifiez la procédure `ecrireMatrice` pour écrire des matrice $m \times n$ sur la sortie standard.

Ex 10) Écrivez et testez la procédure `initAleatoire` qui initialise la matrice d'entiers $m \times n$ de façon aléatoire. Les entiers seront pris sur l'intervale $[0; 99]$.

Ex 11) Écrivez et testez la fonction `minimum` qui renvoie le minimum de la matrice d'entiers précédente.

Ex 12) Écrivez la fonction `rechercher` qui cherche un entier e dans la matrice d'entiers précédente. L'entier e est passé en paramètre à la fonction. La fonction renvoie 1 si l'entier est trouvé dans la matrice, et 0 sinon. L'en-tête de cette fonction est le suivant :

```
/*
 * Antécédent : m > 0 et n > 0
 * Conséquent : renvoie e ∈ mat
 */
int rechercher (const int e, const int m, const int n,
                const int mat[ ][n])
```

Prg.30 Opérations sur les tableaux à deux dimensions

```
#include <stdio.h>
#include <stdlib.h>
#include <assert.h>
#include <time.h>
#include <limits.h>
```

```
/*
 * Antécédent  : m > 0 et n > 0
 * Rôle  : initialise la matrice mat de façon
 *         aléatoire
 */
void initAleatoire(const int m, const int n,
                   int mat[][n]) {
    for(int i = 0; i < m; i++) {
        for(int j = 0; j < n; j++)
            mat[i][j] = rand()%100;
    }
}

/*
 * Antécédent  : m > 0 et n > 0
 * Rôle  : écrit la matrice mat sur la S/S
 */
void ecrireMatrice(const int m, const int n, const
                   int mat[][n]) {
    for(int i = 0; i < m; i++) {
        // écrire la ligne i
        for(int j = 0; j < n; j++)
            printf("%3d\t", mat[i][j]);
        //
        printf("\n");
    }
}

/*
 * Antécédent  : m > 0 et n > 0
 * Rôle  : renvoie le minimum de la matrice mat
 */
int minimum(const int m, const int n, const int
            mat[][n]) {
    int min = INT_MAX;
    for(int i = 0; i < m; i++)
```

```
        for(int j = 0; j < n; j++)
            if(mat[i][j] < min)
    // un nouveau min
    min = mat[i][j];
    // on a parcouru toute la matrice
    // et min est son minimum
    return min;
}

/*
 * Antécédent : n > 0
 * Rôle : renvoie 1 si e est dans mat et 0 sinon
 */
int rechercher(const int e, const int m, const int n,
               const int mat[][n]) {
    for(int i = 0; i < m; i++)
        for(int j = 0; j < n; j++)
            if(mat[i][j] == e)
    // trouvé
    return 1;
    // j'ai parcouru toute la matrice sans trouver e
    // => e n'est pas dans mat
    return 0;

    /*
    int i = 0, trouve = 0;
    do {
        // parcourir la ligne i
        int j = 0;
        do {
            if(mat[i][j] == e)
    trouve=1;
        }
        while(!trouve && ++j < n);
    }while(!trouve && ++i < m);
    return trouve;
```

```
    int i=0;
    do{
        // parcourir la ligne i
        int j = 0;
        do{
            if(mat[i][j] == e) return 1;
        } while(++j < n);
    } while(++i < m);
    return 0;
    */
}

int main(void) {

    srand(time(NULL));

    int m, n;
    scanf("%d %d", &m, &n);
    assert(m > 0 && n > 0);
    // déclaration de la matrice
    int matrice[m][n];

    initAleatoire(m, n, matrice);
    ecrireMatrice(m, n, matrice);
    printf("----------------------------\n");
    printf("minimum = %d\n", minimum(m, n, matrice));

    int x;
    scanf("%d", &x);
    if(rechercher(x, m, n, matrice))
        printf("%d est dans la matrice\n", x);
    else
        printf("%d n'est pas dans la matrice\n", x);

    return EXIT_SUCCESS;
}
```

Ex 13) Écrivez la procédure `produit` qui calcule le produit de deux matrices $A(m,p)$ et $B(p,n)$. On rappelle que $C(m,n) = A(m,p) \times B(p,n)$, avec $C_{i,j} = \sum_{k=1}^{p} A_{i,k} \times B_{k,j}$.

Prg.31 Multiplication matricielle

```
#include <stdio.h>
#include <stdlib.h>
#include <assert.h>
#include <time.h>
#include <limits.h>


/*
 * Antécédent : m > 0 et n > 0
 * Rôle : initialise la matrice mat de façon
 *        aléatoire
 */
void initAleatoire(const int m, const int n,
                   int mat[][n])
{
    for(int i = 0; i < m; i++) {
        for(int j = 0; j < n; j++)
            mat[i][j] = rand()%100;
    }
}


/*
 * Antécédent : m > 0 et n > 0
 * Rôle : écrit la matrice mat sur la S/S
 */
void ecrireMatrice(const int m, const int n, const
                   int mat[][n])
{
    for(int i = 0; i < m; i++) {
        // écrire la ligne i
        for(int j = 0; j < n; j++)
```

```
                printf("%3d\t", mat[i][j]);
            //
            printf("\n");
        }
}

/*
 * Antécédent : n > 0
 * Rôle : écrit la matrice mat sur la S/S
 */
void produit(const int m, const int n, const int p,
             const int A[][p], const int B[][n],
             int C[][n])
{
    for(int i = 0; i < m; i++) {
        for(int j = 0; j < n; j++) {
            // calculer le C[i][j]
            int som = 0;
            for(int k = 0; k < p; k++)
                som += A[i][k]*B[k][j];
            //
            C[i][j] = som;
        }
    }
}

int main(void) {

    srand(time(NULL));

    int m, n, p;
    scanf("%d %d %d", &m, &p, &n);
    assert(m > 0 && n > 0 && p > 0);
    // déclaration de la matrice
    int A[m][p];
    int B[p][n];
    int C[m][n];
```

```
    initAleatoire(m, p, A); ecrireMatrice(m, p, A);
    printf("---------------------------\n");
    initAleatoire(p, n, B); ecrireMatrice(p, n, B);
    printf("---------------------------\n");
    produit(m, n, p, A, B, C);
    ecrireMatrice(m, n, C);

    return EXIT_SUCCESS;
}
```

2.9 Construire le triangle de Pascal

Ex 1) Écrivez la procédure `triangleDePascal` qui construit un triangle de Pascal à $n+1$ lignes, tel que la ligne $l \in [0; n]$ donne tous les coefficients binomiaux tels que $\forall k \in [0; n]$, on a :

$$\binom{n}{k} = C_n^k = \frac{n!}{k!(n-k)!}$$

Par exemple, pour $n = 8$, on obtient :

```
1
1   1
1   2   1
1   3   3   1
1   4   6   4   1
1   5  10  10   5   1
1   6  15  20  15   6   1
1   7  21  35  35  21   7   1
1   8  28  56  70  56  28   8   1
```

Notez qu'il est inutile de calculer les factorielles. On tient compte du fait que $\forall i, j$ tels $0 < j < i$, on a $\binom{i}{j} = \binom{i-1}{j-1} + \binom{i-1}{j}$. Les valeurs des coefficients binomiaux seront conservés dans une matrice, avec $m(0)(0) = 1$.

Le triangle sera mémorisé dans une matrice ((n+1)×(n+1)). L'en-tête de la procédure `triangleDePascal` est le suivant :

```
/*
 * Antécédent  : n ordre du triangle de Pascal (n>0)
 * Conséquent  : tp contient les  coefficients  binomiaux
 *               d'un triangle  de Pascal d'ordre  n
 */
void triangleDePascal(const int n, int tp[ ][n+1])
```

Ex 2) Écrivez la procédure `ecrireTriangleDePascal` qui écrit sur la sortie standard un triangle de Pascal d'ordre n.

Prg.32 Triangle de Pascal

```
/*
 * Ce programme affiche le triangle de Pascal
 * des coefficients binomiaux d'ordre n (<N)
 */

#include <stdio.h>
#include <stdlib.h>
#include <assert.h>

/*
 * Antécédent : n > 0
 * Rôle : écrit sur la S/S la demi matrice inférieure
 *        de la matrice tp ((n+1) × (n+1))
 */
void printTriangleDePascal(const int n, const int
                             tp[][n+1]) {
    for(int i = 0; i <= n; i++) {
    // écrire les coefficients de la ligne i
    // jusqu'à la diagonal
    for(int j = 0; j <= i; j++)
```

```
        printf("%3d", tp[i][j]);
    //
    printf("\n");
  }
}

/*
 * Antécédent : n > 0
 * Rôle : construit le triangle de Pascal tp d'ordre
 *        n
 */
void triangleDePascal(const int n, int tp[][n+1]) {
    tp[0][0] = 1;
    for(int i = 1; i <= n; i++) {
        // mettre sur la ligne i le premier
        // et le dernier coefficients à 1
        tp[i][0] = tp[i][i] = 1;
        // calculer les coefficients entre tp[i][0] et tp[i][i]
        for(int j = 1; j < i; j++)
            tp[i][j] = tp[i-1][j-1] + tp[i-1][j];
    }
}

int main(void) {
    int n;
    scanf("%d", &n);
    assert(n > 0);

    int tp[n+1][n+1];
    triangleDePascal(n, tp);
    printTriangleDePascal(n, tp);
    return EXIT_SUCCESS;
}
```

Ex 3) Modifiez votre programme, et utilisez la bibliothèque ncurses, pour faire apparaître *progressivement* les coefficients du triangle de Pascal.

Ex 4) On appelle *carré magique* une matrice carrée d'ordre n, contenant les entiers compris entre 1 et n^2, telle que les sommes des entiers de chaque ligne, de chaque colonne et des deux diagonales sont identiques. Vous allez voir maintenant comment produire des carrés magiques d'ordre impair.

Exemples : carrés magiques d'ordre 3 et 5

4	9	2
3	5	7
8	1	6

11	24	7	20	3
4	12	25	8	16
17	5	13	21	9
10	18	1	14	22
23	6	19	2	15

L'algorithme pour calculer un carré magique d'ordre impair est le suivant :

- On place 1 dans la case située une ligne en dessous de la case centrale (n est impair).
- Lorsqu'on a placé l'entier x dans la case (i, j), on place $x + 1$ dans la case $(i + 1, j + 1)$, mais ...
  - si un indice devient égal à n, il revient à 0, et
  - si on tombe sur une case déjà occupée, disons (l, k), on essaie de placer le nombre en $(l + 1, k - 1)$ ou si k était égal à 0, on prend $n - 1$ (et non -1) !

Notez que cet algorithme suppose que le carré est représenté par un tableau C à deux dimensions et donc que les indices commencent à 0. Le carré magique est représenté par la déclaration suivante :

Ex 5) Écrivez la procédure `initCarreMagique` qui initialise un carré magique à 0.

```
/* Rôle : initialise un carré magique de dimension n à 0 */
void initCarreMagique(const int n, int cmagique[][n])
```

Ex 6) Écrivez la procédure `afficherCarreMagique` qui affiche sur la sortie standard un carré magique. Vous afficherez le carré ligne par ligne, et chaque élément d'une ligne sera séparé par un espace.

```
void afficherCarreMagique(const int n, const int cmagique[][n])
/* Rôle : affiche un carré magique de dimension n sur la sortie standard */
```

Ex 7) Écrivez la procédure `calculerCarreMagique` qui calcule les valeurs du carré magique selon la méthode donnée précédemment.

```
/* Rôle : calcule un carré magique de dimension n */
void calculerCarreMagique(const int n, int cmagique[][n])
```

Ex 8) Écrivez la fonction `verifierCarre` qui vérifie si un carré est magique ou pas.

```
/* Rôle : vérifie si le carré magique de dimension n est magique */
int verifierCarre(const int n, const int cmagique[][n])
```

Le corps du programme principal aura l'allure suivante :

```
int main(void) {
    int n;

    printf("Donner l'ordre impair du carré");
    scanf("%d", &n);
    if ((n&1) == 0) {
        fprintf(stderr, "le carré doit être d'ordre impair\n");
        return EXIT_FAILURE;
    }
    // n est impair
    int CarreMagique[n][n];
    calculerCarreMagique(n, CarreMagique);
    if (verifierCarre(n, CarreMagique))
    afficherCarreMagique(n, CarreMagique);
    return EXIT_SUCCESS;
}
```

Prg.33 Carré Magique

```
/*
 * Ce programme affiche le triangle de Pascal
 * des coefficients binomiaux d'ordre n (<N)
 */

#include <stdio.h>
#include <stdlib.h>
#include <assert.h>

/*
 * Antécédent : n > 0
 * Rôle : écrit sur la S/S le carré magique d'ordre n
 */
void ecrireCMagic(const int n, const int cm[][n]) {
    for(int i = 0; i < n; i++) {
        // écrire la ième ligne
        for(int j = 0; j < n; j++)
            printf("%4d", cm[i][j]);
        //
        printf("\n");
    }
}

void initCMagic(const int n, int cm[][n]) {
    for(int i = 0; i < n; i++) {
        // écrire la ième ligne
        for(int j = 0; j < n; j++)
            cm[i][j] = 0;
    }
}

/*
 * Antécédent : n > 0
 * Rôle : renvoie 1 si cm est un carré magique et 0 sinon
 */
int verifierCMagic(const int n, const int cm[][n]) {
```

```
    int somRef = 0;
    for(int j = 0; j < n; j++) somRef += cm[0][j];
    // 1) verifier les lignes
    for(int i = 1; i < n; i++) {
        // calculer la somme des valeurs de la ligne i
        int som = 0;

        for(int j = 0; j < n; j++)
            som += cm[i][j];
        // verifier si cette somme est égale somRef
        if(som != somRef)
            return 0;
    }
    // 2) verifier les colonnes
    for(int j = 0; j < n; j++) {
        // calculer la somme des valeurs de la colonne j
        int som = 0;
        for(int i = 0; i < n; i++)
            som += cm[i][j];
        // verifier si cette somme est égale somRef
        if(som != somRef)
            return 0;
    }
    // 3) verifier les diagonales
    int som1 = 0, som2 = 0;
    for(int i = 0; i < n; i++) {
        som1 += cm[i][i];
        som2 += cm[i][n-1-i];
    }
    // verifier si cette somme est égale somRef
    if(som1 != somRef || som2 != somRef)
        return 0;
    // le carré est vraiment magique
    return 1;
}

void calculerCMagic(const int n, int cm[][n]) {
```

```
    const int n2 = n*n;
    // initialiser le cm a 0
    initCMagic(n, cm);
    // mettre 1 dans la case au-dessus de celle du milieu
    int j = n/2, i = j + 1;
    cm[i][j]=1;
    /* placer les valeurs de 2 a n^2 dans le cm */
    for(int k = 2; k <= n2; k++) {
        // calculer les nouvelles coordonnées (i, j) de k
        if(++i == n) i = 0;
        if(++j == n) j = 0;
        // i = (i+1)%n;
        // j = (j+1)%n;
        // verifier s'il existe déjà une valeur dans la cellule
        if(cm[i][j] != 0){
            // la cellule est déjà occupée
            // calculer de nouvelle coordonnées
            if(++i == n) i = 0;
            if(j-- == 0) j = n-1;
        }
        /*
        while(cm[i][j] != 0) {
            i = (i + 1)%n;
            j = (j - 1 + n)%n;
        }
        */
        // i et j nouvelles coordonnées de k
        cm[i][j] = k;
    }
}


int main(void) {
    int n;
    scanf("%d", &n);
    assert((n&1) == 1);
    // n est impair
```

```
    int CarreMagique[n][n];
    //
    calculerCMagic(n, CarreMagique);
    ecrireCMagic(n, CarreMagique);
    printf("%d\n", verifierCMagic(n, CarreMagique));
    return EXIT_SUCCESS;
}
```

Chapitre 3 Démonstration d'exercices typiques — avancés

3.1 Opérations sur les chaînes de caractères

En C, il n'existe pas de type chaîne de caractères spécifique. Les chaînes de caractères sont des tableaux de caractères, mais le dernier caractère doit être le délimiteur de fin de chaîne `'\0'`. Ainsi, `sizeof "abcdefghi"` est égal à 10 et non pas 9.

Une constante chaîne de caractères peut être définie par une suite de caractères délimitée par des guillemets, ou à l'aide d'une initialisation classique de tableau. Le caractère `'\0'` est automatiquement ajouté à la fin d'une constante littérale. Le caractère `\<saut de ligne>` permet d'écrire la constante sur plusieurs lignes.

```
char str1 [10] = {'a', 'b', 'c', '\0'};
char str2 [10] = "abc";
"Une  chaîne de caractères"
" "   /* une chaîne vide */
"   \
    ?" /* une chaîne sur plusieurs lignes */
```

Contrairement à d'autres langages, il n'y a aucun opérateur spécifique pour les chaînes de caractères en C. La bibliothèque C contient de nombreuses fonctions de manipulation de chaînes de caractères. Les prototypes des fonctions sont définis dans `string.h`. Faites un `man string.h` pour avoir une idée précise. Il est important de noter que ces fonctions ne gèrent pas l'allocation de la mémoire pour les caractères de chaînes (sauf `strdup`).

Ex 1) Écrivez et testez le programme suivant :

Prg.34 Sortie de chaînes de caractères

```
#include <stdlib.h>
#include <stdio.h>
#include <string.h>
int main(void) {
    char str1 [10] = {'c', 'o', 't', '\0'};
```

```
    char str2 [10] = "abri";

    printf("(%s):(%s)\n", str1, str2);
    printf("(%c):(%c)\n", str1[1], str2[2]);
    printf("(%lu):(%lu)\n", sizeof str1, sizeof "abc");
    printf("(%zd):(%zd)\n", strlen(str1), strlen(str2));
    printf("(%s)\n", strcat(str2,str1));
    return EXIT_SUCCESS;
}
```

Ex 2) Récrivez les fonctions strlen et strchr.

Prg.35 Réécrire les fonctions de chaînes de caractères strlen et strchr avec des tableaux

```
#include <stdio.h>
#include <stdlib.h>

/*
 * Rôle : renvoie la lg de la chaîne s
 */
int Strlen(char s[ ]) {
    int i = 0;
    while(s[i] != '\0')
        i++;
    return i;
}

/*
int strchr1(const char *s, char c) {
    int i = 0;
    while(s[i] != '\0'){
        if (s[i++] == c) return --i;
    }
    return -1;
}
*/
```

```
/*
 * Rôle : renvoie l'indice de la 1er occurrence de c
 *        dans s, ou -1 si non trouvée
 */
int Strchr(const char s[ ], const char c) {
    int i = 0;
    while(s[i] != '\0')
    {
        if(s[i] == c)
            return i;
        i++;
    }
    return -1;
}

/*
 * Rôle : renvoie l'indice de la dernière occurrence
 *        de c dans s, ou -1 si non trouvée
 */
/*int Strrchr(const char s[ ], const char c) {
    int i = 0, pos = -1;
    while(s[i] != '\0'){
        if(s[i] == c)
            pos = i;
        i++;
    }
    return pos;
}*/

int Strrchr(const char s[ ], const char c) {
    // 1) se positionner à la fin de s
    int i = 0;
    while(s[i] != '\0')i++;
    // chercher depuis la fin la 1er occurence de c
    while(--i >= 0){
        if(s[i] == c)
```

```
            // trouvé
            return i;
        }
    // c n'est pas dans s
    return -1;
}

int main(void) {
    printf("%d\n", Strlen("bonjour"));
    printf("%d\n", Strchr("bonjour", 'o'));
    printf("%d\n", Strchr("bonjour", 'z'));
    printf("%d\n", Strrchr("bonjour", 'o'));
    printf("%d\n", Strrchr("bonjour", 'z'));

    return EXIT_SUCCESS;
}
```

Ex 3) Récrivez les fonctions `strcpy` et `strcat`.

Prg.36 Réécrire les fonctions de chaînes de caractères strcpy et strcat avec des tableaux

```
#include <stdio.h>
#include <stdlib.h>
#include <string.h>

/*
 * Rôle : s1 = s2
 */
void Strcpy(char s1[ ], const char s2[]) {
    int i = 0;
    while((s1[i] = s2[i]))
        i++;
}

/*
 * Rôle : s1 = s1 + s2
 */
void Strcat(char s1[ ], const char s2[ ]) {
```

```
    int i = 0;
    // 1) se positionner sur le caractère de fin de s1
    while(s1[i])i++;
    // 2) copier s2 à partir de la fin de s1
    int j = 0;
    while((s1[i++] = s2[j++]));
}

int main(void) {
    char str1[10] = "abri";
    char  str2[ ] = "cot";
    // Strcpy(str1, str2);
    Strcat(str1, str2);
    printf("(%s)\n", str1);
    return EXIT_SUCCESS;
}
```

Ex 4) Écrivez une fonction `compare` qui prend deux chaînes de caractères, s1, et s2, en paramètre et les compare selon l'ordre lexicographique. La fonction renverra :

— une valeur négative, si s1 est inférieure à s2 ;

— 0, si s1 est égale à s2 ;

— une valeur positive, si s1 est supérieure à s2.

Prg.37 Comparaison de chaînes de caractères

```
#include <stdio.h>
#include <stdlib.h>
#include <string.h>
#include <assert.h>

/*
 * Rôle : compare s1 et s2 selon l'ordre du dictionaire.
 * Renvoie :
 *  - <0 si s1 < s2
 *  - =0 si s1 = s2
 *  - >0 si s1 > s2
```

```
 */
int compare(const char s1[ ], const char s2[ ]) {
    int i = 0;
    /* assert((s1 != NULL) && (s2 != NULL)); not empty
        strings */
    while(s1[i] == s2[i]) {
        if (s1[i] == '\0') return 0;
        i++;
    }
    return s1[i] - s2[i];
}

int compare2(char s1[ ], char s2[ ]) {
    int i = 0;
    // s1 and s2 different length
    while((s1[i] != '\0')||(s2[i] != '\0')) {
        if(s1[i] > s2[i]) return 1;
        else if (s1[i] < s2[i]) return -1;
        i++;
    }
    return 0;   //s1 and s2 same length
}

int main(void) {

    printf("%d\n",compare("abracadabra", "zoo"));
    printf("%d\n",compare("abri", "abricot"));
    printf("%d\n",compare("toto", "bonjour"));

    return EXIT_SUCCESS;
}
```

Ex 5) Comment récrire les fonctions précédentes afin qu'elles puissent faire des vérifications sur la taille des chaînes (par exemple, pour `strcpy`, que le premier paramètre a assez de place pour accueillir tous les caractères du deuxième) ?

Ex 6) Sans utiliser de fonctions de la bibliothèque C, écrivez en C la procédure `trim` qui prend en paramètre deux chaînes de caractères s1 et s2. `trim` construit la chaîne s2 à partir de s1 dans laquelle tous les caractères espaces (*e.g.* ' ', '\t', ...) de début et de fin ont été supprimés. Si la chaîne s1 est `" \n bonne année 2023\t"`, la chaîne résultat s2 sera égale à `"bonne année 2023"`. Attention à bien penser à tous les cas possibles.

Prg.38 Supprimer les espaces au début et à la fin d'une chaîne de caractères

```
#include <stdio.h>
#include <stdlib.h>
#include <string.h>

/*
 * Antécédent : s1 chaîne de caractères quelconques
 * Conséquent : s2 = s1 dans laquelle les caractères
 *              espaces de début et de fin ont été
 *              supprimés
 */
void trim(const char s1[],char s2[]){
    int i = 0;
    int j = strlen(s1)-1;

    while((s1[i] == ' ') || (s1[i] == '\t'))
        ++i;
    while((s1[j] == ' ') || (s1[j] == '\t'))
        --j;

    strncpy(s2, s1+i, j-i+1);
    s2[j-i+1] = '\0';
}

int main(void) {
    char s1[100] = "    bonne annee 2023\t";
    char s2[100] = "";
    trim(s1,s2);
```

```
    printf(("s1 = %s\n"),s1);
    printf(("s2 = %s\n"),s2);
}
```

3.2 Le préprocesseur C

Le préprocesseur s'applique dans une phase qui précède celle de la compilation proprement dite, passe sur tout le texte source du programme et traite toutes les directives qui lui sont destinées. Ces directives sont introduites par un dièse (**#**). Nous avons déjà vu les directives **`#define`**, pour définir une constante, et **`#include`**, pour inclure le contenu d'un fichier. Pour mettre en évidence le fonctionnement réel, nous allons jouer avec les options `-P` et `--save-temps` de `gcc`.

Ex 1) Reprenez un fichier de la séance précédente qui contient un **`#define`** et un **`#include`**. Compilez-le avec les deux options précisées ci-dessus. Décrivez les fichiers produits.

Ex 2) À quoi sert l'option `-P` ? Quelle information enlève cette option ?

Ex 3) Décrivez le comportement exact du **`#define`** et du **`#include`**. Quelles informations sont perdues après le passage du préprocesseur ?

Ex 4) Écrivez, compilez, exécutez et expliquez le comportement du programme suivant `prog.c` :

Prg.39 Commande de compilation -D

```
#include <stdlib.h>
#include <stdio.h>
int main(void) {
    printf("%s %d\ n", __FILE__, MAX);
    return EXIT_SUCCESS;
}
```

```
gcc -DMAX=300 -o prog prog.c && ./prog
```

Ex 5) Que se passe-t-il si `MAX` est aussi défini dans le programme ? Vérifiez.

Ex 6) Écrivez un programme qui affiche sur la sortie standard les valeurs des macros prédéfinies `__DATE__`, `__TIME__`, `__FILE__`, `__TIMESTAMP__`, `__LINE__`, et `__func__`.

Prg.40 Sorties de macros prédéfinies

```c
#include <stdlib.h>
#include <stdio.h>

void mafonc( void ) {
    printf("%s\n", __func__);
}

int main(void) {
    printf("__DATE__ = %s\n", __DATE__);
    printf("__TIME__ = %s\n", __TIME__);
    printf("__FILE__ = %s\n", __FILE__);
    printf("__TIMESTAMP__ = %s\n", __TIMESTAMP__);
    printf("__LINE__ = %d\n", __LINE__); // ligne 13
    mafonc();
    return EXIT_SUCCESS;
}
```

Ex 7) Écrivez la *macro* `MAX2(x, y)` qui donne le maximum de `x` et `y`, puis écrivez la *fonction* `max2(int x, int y)` qui donne le maximum de `x` et `y`.

Prg.41 Macro MAX2 et fonction max2

```c
#include <stdlib.h>
#include <stdio.h>

#define MAX2(x,y) ((x)>(y) ? (x) :(y))
```

```
int max2(int x, int y) {
    int n = (x)>(y) ? (x) :(y);
    return n;
}

int main(void) {
    int a = 5, b = -3;
    printf("%d\n", max2(a, b));
    printf("%d\n", MAX2(a, b));
    return EXIT_SUCCESS;
}
```

Ex 8) Écrivez la *macro* `MAX3(x,y,z)` qui donne le maximum de `x`, `y` et `z`, puis écrivez la *fonction* `max3(int x, int y, int z)` qui donne le maximum de `x`, `y`, et `z`.

Prg.42 Macro MAX3 et fonction max3

```
#include <stdlib.h>
#include <stdio.h>

#define MAX2(x, y) ((x)>(y) ? (x) :(y))
#define MAX3(x, y, z) (MAX2(MAX2(x, y), z))

int max3(int x, int y, int z) {
    int n = (x)>(y) ? (x) :(y);
    int m = (n)>(z) ? (n) :(z);
    return m;
}

int main(void) {
    int a = 5, b = -3, c = 9;
    printf("%d\n", max3(a, b, c));
    printf("%d\n", MAX3(a, b, c));
    return EXIT_SUCCESS;
}
```

Ex 9) Écrivez un programme qui teste vos macros et fonctions. Testez le code suivant avec x = 3, y = 2 et z = 1, et expliquez les résultats :

```
printf("max3(%d, %d, %d) = %d\n", x, y, z, max3(x++, y, z));
printf("MAX3(%d, %d, %d) = %d\n", x, y, z, MAX3(x++, y, z));
```

Ex 10) Écrivez un programme qui affiche *C ansi* si le compilateur est ansi, qui affiche `C ansi/ISO C99` s'il est iso C99, et `C non standard` dans les autres cas. Vous devrez utiliser les directives de programmation conditionnelle et les macros prédéfinies `__STRICT_ANSI__` et `__STDC__`. Vous compilerez votre programme successivement avec les options de compilation `-ansi -pedantic`.

Prg.43 Tester le type de compilation C ansi

```
/*
 * This program tests if the compiler is ansi,
 * ansi/ISO C99 or non standard
 */

#include <stdlib.h>
#include <stdio.h>

int main(void) {

#ifdef __STRICT_ANSI__
    printf("C ansi\n");
#elif __STDC__
    printf("C ansi/ISO C99\n");
#else
    printf("C non standard\n");
#endif

    return EXIT_SUCCESS;
}
```

Ex 11) Écrivez un programme qui déclare un tableau `tab` de `SIZE` réel `double` si la constante `SIZE` est supérieure ou égale à 1024. Cette constante sera définie dans le fichier d'en-tête `param.h`. D'autre part, si la constante DEBUG est définie, votre programme affichera sur la sortie standard la valeur de SIZE.

Prg.44 Utilisation de directives de précompilation conditionnelle

```
#include <stdlib.h>
#include <stdio.h>
#include "param.h"

#if SIZE < 1024
#error SIZE should be >= 1024
#else
double tab[SIZE];
#endif

int main(void) {
#ifdef DEBUG
    printf("SIZE = %d\n", SIZE);
#endif
    return EXIT_SUCCESS;
}
```

```
/************** param.h **************/
#ifndef PARAM_H
#define PARAM_H
#define SIZE 1024
#endif
```

3.3 L'applications des structures

typedef

Le mot clé **typedef** sert à donner un nom différent à un type. Sa syntaxe est **typedef** `type nom`; où `nom` est le nouveau nom du type, et `type` un type existant.

3.3.1 Type Date

```
#define MAXALPHA 10

typedef struct {
    int jour, mois, année;
    char nomDuMois[MAXALPHA];
} Date;
```

Ex 1) À partir de la déclaration précédente, écrivez les fonctions : `initDate` qui initialise une date valide, `lireDate` qui lit une date sur l'entrée standard, et `écrirelnDate` qui écrit une date valide sur la sortie standard. Vous aurez également besoin d'écrire la fonction `dateValide` qui teste si une date passée en paramètre est valide ou pas. Vous devrez être en mesure d'exécuter la fonction `main` suivante :

```
int main(void) {
    écrirelnDate(initDate(27, 1, 2011));
    écrirelnDate(initDate(17, 2, 2023));
    écrirelnDate(initDate( ));
    return EXIT_SUCCESS;
}
```

Ex 2) Écrivez et testez la fonction `demain` qui renvoie la date du lendemain d'une date passée en paramètre.

```
Date demain (const Date d)
```

Prg.45 La date du lendemain

```
#include <stdio.h>
#include <stdlib.h>
#include <string.h>
#include "date.h"

/* char *nomsDesMois[12] */
static const char nomsDesMois[][MAXALPHA] =
    {"janvier", "février", "mars", "avril", "mai", "juin",
```

```
    "juillet", "août", "septembre", "octobre", "novembre",
    "décembre" };

static const int nbJoursDansMois[] = {31, 28, 31, 30, 31,
                                      30, 31, 31, 30, 31,
                                      30, 31 };


/*
 * Rôle : écrit sur la sortie d'erreur std
 *        le message msg et termine le programme
 */
static void erreur(const char msg[]) {
    fprintf(stderr, "%s\n", msg);
    exit(EXIT_FAILURE);
}

/* Rôle : teste si l'année est bissextile ou pas */
int bissextile(const int annee) {
    return (annee%4 == 0 && annee%100 != 0)
           || annee%400 == 0;
}

Date initDate(const int j, const int m, const int a) {
    Date d = {j, m, a};
    strcpy(d.nomDuMois, nomsDesMois[m-1]);
    return d;
}

/*
 * Rôle : lit 3 entiers sur l'entrée standard
 *        représentant une data j/m/a et renvoie
 *        un objet Date si la date est valide
 */
Date lireDate( void ) {
    int j, m, a;
    scanf("%2d/%2d/%4d", &j, &m, &a);
    return initDate(j, m, a);
```

```
}

void ecrireDate(const Date d) {
    printf("%2d %s %d", d.jour, d.nomDuMois, d.annee);
}

void ecrirelnDate(const Date d) {
    ecrireDate(d);
    printf("\n");
}

int joursDansMois(const int m, const int a) {
    switch(m){
    case 2 : return bissextile(a) ? nbJoursDansMois[m-1]+1
             : nbJoursDansMois[m-1];
    default : return nbJoursDansMois[m-1];
   }
}

int dateValide(Date d) {
    int nbJours;

    /* vérifer l'année */
    if (d.annee<ANNEEMIN) return 0;
    /* vérifier le mois */
    if (d.mois<1 || d.mois>12) return 0;
    /* l'année et le numéro du mois sont valides */
    /* vérifier le jour et le nom du mois */
    if (d.mois == 2)
        /* vérifier le cas particulier de février */
        nbJours = bissextile(d.annee) ? 29 : 28;
    else
        nbJours = nbJoursDansMois[d.mois-1];

    return strcmp(nomsDesMois[d.mois-1], d.nomDuMois) ==
   0 &&
     /* le nom du mois est correct => vérifier le nb de
```

```
    jours */
      d.jour >= 1 && d.jour <= nbJours;
}

/*
 * Antécédent : d est une date valide
 * Rôle : renvoie la date du lendemain de d
 */
Date demain(const Date d) {
    Date jSuivant = d;
    /*Validier si la data est correcte*/
    if (!(dateValide(jSuivant)))
        erreur("Invalide data!");
    else {
        if (jSuivant.jour < joursDansMois(jSuivant.mois,
    jSuivant.annee))
            jSuivant.jour++;
        else {
            // dernier jour du mois
            jSuivant.jour=1;
            if (jSuivant.mois<12) jSuivant.mois++;
            else {
                // dernier jour de l'annee
                jSuivant.mois=1;
                jSuivant.annee++;
            }
            // le nom du mois a changé
            strcpy(jSuivant.nomDuMois,
                   nomsDesMois[jSuivant.mois-1]);
        }
    }
    return jSuivant;
}

int main(void) {
    Date d = initDate(31, 12, 2025);
    ecrirelnDate(d);
```

```
    d = lireDate();
    ecrirelnDate(demain(d));

    return EXIT_SUCCESS;
}
```

3.3.2 Utilisation des fichiers d'en-tête (headers)

En C, lorsqu'on utilise des fonctions, des types ou des structures, il faut les avoir déclarées au préalable. Lorsque ces déclarations doivent se retrouver dans plusieurs fichiers, il est judicieux de les partager. Pour cela, on utilise des fichiers particuliers appelés *headers* ou fichier d'*en-tête* (extension `.h`) qui contiendront les déclarations et que l'on pourra inclure avec la directive `#include`.

La forme d'un fichier header est la suivante (la directive `#pragma once` garantit qu'il ne sera inclus qu'une *seule fois*) :

```
#pragma once

/* ... includes nécessaires ... */
/* ... déclarations des types ... */
/* ... prototype de fonctions externes ... */
```

Pour l'utiliser, il faudra l'inclure dans le fichier `.c` où les fonctions seront utilisées. Pour l'exercice sur les dates, cela donnerait le fichier `date.h` suivant :

```
#pragma once

#define ANNEEMIN 1583
#define MAXALPHA 10

typedef struct {
    int jour, mois, année;
    char nomDuMois[MAXALPHA];
} Date;
```

```
extern Date initDate(const int, const int, const int);
extern Date lireDate(void);
extern int bissextile(const int);
extern int dateValide(const Date);
extern void écrirelnDate(const Date);
```

Ex 3) Écrivez le fichier `date.h` et testez-le.

3.3.3 Type Complexe

```
/* le type Complexe représente les nombres mathématiques complexes */
typedef struct {
    double réel ;
    double img ;
} Complexe ;
```

Ex 4) Déclarez le type `Complexe` précédent dans le fichier d'en-tête `complexe.h`. Vous ajouterez au fur et à mesure les prototypes des fonctions que vous écrirez par la suite.

Prg.46 Déclaration de fonction dans le fichier d'en-tête

```
#pragma once
typedef struct {
    double reel;
    double img;
} Complexe;

extern const Complexe I;
extern void ecrireComplexe(const Complexe c);
extern void ecrireLnComplexe(const Complexe c);
extern Complexe initComplexe(const double r, const double
                             i);
extern double partieReelle(const Complexe c);
extern double partieImg(const Complexe c);
extern double rho(const Complexe c);
```

Ex 5) Écrivez la fonction `écrireComplexe` qui écrit sur la sortie standard, sous la forme *(r, i)*, un nombre complexe passé en paramètre.

Prg.47 Type Complexe comme paramètre de fonction

```
void ecrireComplexe(const Complexe c) {
    printf("(%lf, %lf)", c.reel, c.img);
}

void ecrireLnComplexe(const Complexe c) {
    ecrireComplexe(c);
    printf("\n");
}
```

Ex 6) Écrivez la fonction `initComplexe` qui renvoie un nombre complexe initialisé aux valeurs des parties réelle et imaginaire passées en paramètre.

Prg.48 Fonction d'initialisation de nombres complexes

```
Complexe initComplexe(const double r, const double i) {
    Complexe c = {r, i};
    return c;
}
```

Ex 7) Dans la fonction `main`, testez vos deux fonctions précédentes.

Prg.49 Fonction main pour tester l'initialisation et la sortie de nombres complexes

```
#include <stdio.h>
#include <stdlib.h>
#include "Complexe.h"
int main(void) {
    Complexe c = initComplexe(3, -6);
    ecrireLnComplexe(c);
    ecrireLnComplexe(I);
    return EXIT_SUCCESS;
}
```

Ex 8) Déclarez la constante `Complexe I` qui représente le complexe (0, 1).

Prg.50 Déclarer la constante complexe I

```
const Complexe I = {0, 1};
```

Ex 9) Définissez les fonctions `partieRéelle` et `partieImaginaire` qui renvoient les valeurs des parties réelle et imaginaire d'un complexe passé en paramètre.

Prg.51 Écrire des fonctions pour les nombres complexes

```
double partieReelle(const Complexe c) {
    return c.reel;
}

double partieImg(const Complexe c) {
    return c.img;
}
```

Ex 10) Complétez la fonction `main` pour tester ces deux fonctions.

On veut pouvoir réaliser les opérations mathématiques standard sur les complexes. Commençons par programmer les fonctions de conversion de la représentation polaire vers la représentation cartésienne.

Rappel : Tout complexe z admet une représentation cartésienne $x + iy$ et polaire $\rho e^{i\theta}$ où ρ est le module et θ l'argument de z. L'argument n'est défini que si $z \neq 0$. Le passage d'un système de coordonnées à l'autre se fait à l'aide des formules de conversion :

coordonnées polaires	**coordonnées cartésiennes**
$\rho = \sqrt{x^2 + y^2}$	$x = \rho cos(\theta)$
$\theta = atan(y/x)$	$y = \rho sin(\theta)$

Prg.52 Conversion entre le système de coordonnées polaires et le système de coordonnées cartésiennes

```
#include <stdio.h>
#include <stdlib.h>
#include <string.h>
#include <math.h>
```

```
/* le type Complexe représente les nombres mathématiques
   complexes */

typedef struct {
    double reel;
    double img;
} Complexe;

void initComplexe(Complexe *c) {
    double r, i;
    scanf("%lf %lf", &r, &i);
    c->reel = r;
    c->img = i;
}

double rho(Complexe c) {
    return sqrt((c.reel)*(c.reel) + (c.img)*(c.img));
}

double theta(Complexe c) {
    //return atan(c.img/c.reel);
    return atan2(c.reel, c.img);
}

Complexe polComplexe(double rho, double theta){
    Complexe c;
    c.reel = rho*cos(theta);
    c.img = rho*sin(theta);
    return c;
}

int main(void) {
    Complexe c;
    initComplexe(&c);
    printf("le module ρ  = %lf\n", rho(c));
    printf("l'argument θ  = %lf\n", theta(c));
```

```
    double a, b;
    a = rho(c);
    b = theta(c);
    printf("( ρ , θ ) = (%lf , %lf)\n", a, b);
    printf("( x , y ) = (%lf , %lf)\n",
    polComplexe(a, b).reel, polComplexe(a, b).img);

    return EXIT_SUCCESS;
}
```

Ex 11) Écrivez la fonction `rho` qui calcule le module d'un complexe passé en paramètre.

Ex 12) Écrivez la fonction `theta` qui calcule l'argument d'un complexe. Attention, la fonction `atan` est définie de `IR` vers $[-\frac{\pi}{2}, \frac{\pi}{2}]$. Utilisez La fonction `atan2` qui règle ce problème.

Ex 13) Testez les deux fonctions `rho` et `theta`.

Ex 14) Écrivez la fonction `polComplexe` qui possède deux paramètres de type réel représentant le module et l'argument d'un complexe polaire, et qui renvoie un objet de type `complexe` en coordonnées cartésiennes. Cette fonction possède l'en-tête suivant :

```
Complexe polComplexe(const double rho , const double theta)
```

Ex 15) Ajoutez les fonctions qui effectuent la somme, la soustraction et le produit de deux nombres complexes. Ces fonctions ont les en-têtes suivants :

```
Complexe plus(const Complexe a, const Complexe b)
Complexe moins(const Complexe a, const Complexe b)
Complexe mult(const Complexe a, const Complexe b)
Complexe divi(const Complexe a, const Complexe b)
```

Notez que le produit de deux complexes est plus simple à écrire en utilisant les coordonnées polaires :

$$\rho(z1 \times z2) = \rho(z1) \times \rho(z2)$$
$$\theta(z1 \times z2) = \theta(z1) + \theta(z2)$$

De même, pour la division :

$$\rho(z1/z2) = \rho(z1)/\rho(z2)$$
$$\theta(z1/z2) = \theta(z1) - \theta(z2)$$

Pensez à utiliser la fonction `polComplexe` pour la programamtion des fonctions `mult etdivi`.

Prg.53 Opérations sur les nombres complexes en coordonnées polaires

```
#include <stdio.h>
#include <stdlib.h>
#include <math.h>

/* le type Complexe représente les nombres mathématiques
   complexes */

typedef struct {
    double reel;
    double img;
} Complexe;

void initComplexe(Complexe *c) {
    double r, i;
    scanf("%lf %lf", &r, &i);
    c->reel = r;
    c->img = i;
    printf("(%lf , %lf)\n", c->reel, c->img);
}

double rho(Complexe c) {
    return sqrt((c.reel)*(c.reel) + (c.img)*(c.img));
}
```

```
double theta(Complexe c) {
// return atan(c.img/c.reel);
    return atan2(c.reel, c.img);
}

Complexe polComplexe(double rho, double theta) {
    Complexe c;
    c.reel = rho*cos(theta);
    c.img = rho*sin(theta);
    return c;
}

Complexe plus(Complexe a, Complexe b) {
    Complexe c;
    c.reel = a.reel + b.reel;
    c.img = a.img + b.img;
    return c;
}

Complexe moins(Complexe a, Complexe b) {
    Complexe c;
    c.reel = a.reel - b.reel;
    c.img = a.img - b.img;
    return c;
}

Complexe mult (Complexe a,Complexe b) {
    double rhoC, thetaC;
    rhoC = rho(a)*rho(b);
    thetaC = theta(a) + theta(b);
    return polComplexe(rhoC, thetaC);
}

Complexe divi (Complexe a,Complexe b) {
    double rhoC, thetaC;
    rhoC = rho(a)/rho(b);
```

```
    thetaC = theta(a) - theta(b);
    return polComplexe(rhoC, thetaC);
}

int main(void) {
    Complexe a, b;
    initComplexe(&a);
    initComplexe(&b);

    plus(a, b);
    printf("plus(a, b) = (%lf , %lf)\n", plus(a, b).reel,
            plus(a, b).img);

    moins(a, b);
    printf("moins(a, b)=(%lf,%lf)\n", moins(a, b).reel,
            moins(a, b).img);

    mult(a, b);
    printf("mult(a, b)=(%lf,%lf)\n", mult(a, b).reel,
            mult(a, b).img);

    divi(a, b);
    printf("divi(a, b)=(%lf,%lf)\n", divi(a, b).reel,
            divi(a, b).img);

    return EXIT_SUCCESS;
}
```

Ex 16) Définissez les fonctions booléennes `égal` et `différent` qui testent l'égalité et la différence entre deux complexes transmis en paramètre. On prendra soin de traiter le problème posé par l'opérateur == sur les réels.

Prg.54 Fonction booléenne qui teste si deux nombres complexes sont égaux

```
/* le type Complexe représente les nombres mathématiques
    complexes */
#define BOOL int
```

```
#define TRUE 1
#define FALSE 0

BOOL flag = FALSE;
BOOL egal(Complexe a, Complexe b) {
    if(a.reel == b.reel && a.img == b.img) {
        return 1;
    }
    else {
        return 0;
    }
}

/**
 * Rôle : teste si les deux paramètres Complexe c1 et c2
 *        sont égaux
 */
BOOL egal(Complexe c1, Complexe c2) {
     return fabs(c1.reel - c2.reel) < eps &&  fabs(c1.img
   - c2.img)  < eps;
}

/**
 * Rôle : teste si les deux paramètres Complexe c1 et c2
 *        sont differents
 */
BOOL different(Complexe c1, Complexe c2) {
  return fabs(c1.reel - c2.reel) > eps ||  fabs(c1.img -
   c2.img)  > eps;
}
```

Ex 17) Testez toutes les fonctions précédentes dans votre fonction `main`.

3.4 Pointeurs

3.4.1 Pour commencer

Ex 1) Considérez la liste d'instructions suivante :

```
int *p;
int i;
int k;
i = 42;
k = i;
p = &i;
```

Après l'exécution de ces instructions, quelle instruction affectera 75 à i ?

1. `k = 75;`
2. `*k = 75;`
3. `p = 75;`
4. `*p = 75;`

Ex 2) Expliquez l'erreur suivante :

```
char c = 'A';
double *p = &c;
```

Ex 3) Faites la trace de ce programme. Commencez par afficher l'adresse du tableau block.

```
int main(void) {

    char block[3] = {'A', 'P', 'W'};
    char *ptr = &block[0];
    char temp;

    temp = block[0];
    temp = *(block + 2);
    temp = *(ptr + 1);
    temp = *ptr;
```

```
    ptr = block + 1;
    temp = *ptr;
    temp = *(ptr + 1);

    ptr = block;
    temp = *++ptr;
    temp = ++*ptr;
    temp = *ptr++;
    temp = *ptr;

    return EXIT_SUCCESS;
}
```

Paramètres résultats

Ex 4) Écrivez la fonction `void swap(int* a, int* b)` qui échange les valeurs de a et b.

3.4.2 Chaîne de caractères

Ex 5) Écrivez la fonction `char *metEnMajuscule(char *s)` qui met en majuscule les caractères minuscules de la chaîne de caractères s donnée en paramètre, et renvoie le pointeur sur le premier caractère de s.

Prg.55 Mettre en majuscule les caractères minuscules de la chaîne de caractères

```
#include <stdio.h>
#include <stdlib.h>
#include <ctype.h>

char *metEnMajuscule(char *s) {
    char *p = s;
    for ( ; *s; s++)
    *s = toupper(*s);
    return p;
}
```

```
int main(void) {
    char t1[] = "bonjour";
    printf("%s\n", metEnMajuscule(t1));
}
```

Ex 6) Récrivez les fonctions de manipulation de chaîne de caractères `strchr`, `strcpy`, `strchr` et `strcmp`, avec la notation de pointeur.

Prg.56 Utiliser des pointeurs pour écrire les fonctions strcpy, strchr et strcmp

```
#include <stdio.h>
#include <stdlib.h>

/*
 * Rôle : renvoie le pointeur de la 1ère occurrence de c
 *        dans s, ou NULL si non trouvée
 */
char *Strchr0(char *s, const char c) {
    while(*s) {
        if(*s == c)
            // trouvé
            return s;
        s++;
    }
    // c not in s
    return NULL;
}

/*
 * Rôle : renvoie le pointeur de la dernière occurrence de
 *        c dans s, ou NULL si non trouvée
 */
char *Strchr1(char *s, const char c) {
    // 1) se positionner à la fin de s
    char *p = NULL;
    while(*s) {
        if(*s == c)
            // trouvé
```

```
            p = s;
        s++;
    }
    return p;
}

/*
 * Rôle : renvoie le pointeur de la derniere occurrence de
 *        c dans s, ou NULL si non trouvée
 */
char *Strchr2(char *s, const char c) {
    char *p = s;
    // 1) se positionner à la fin de s
    while(*s++);
    // 2) chercher depuis la fin la 1ère occurence de c
    while(--s >= p)
        if(*s == c)
            // trouvé
            return s;
    // c not in s
    return NULL;
}

/*
 * Rôle : s1 = s1 + s2
 */
char *Strcat(char *s1, const char *s2) {
    char *p = s1;;
    // 1) se placer en fin de s1
    while(*s1) s1++;
    // 2) copier les caractères de s2 à partir de la fin de s1
    while((*s1++ = *s2++));
    //
    return p;
}

/*
```

```
 * Rôle : compare s1 et s2 selon l'ordre du dictionaire.
 * Renvoie :
 * - <0 si s1 < s2
 * - =0 si s1 = s2
 * - >0 si s1 > s2
 */
int Strcmp(const char *s1, const char *s2) {
    while(*s1 == *s2) {
        if (*s1 == '\0')
            // les chaînes s1 et s2 sont identiques
            return 0;
        s1++; s2++;
    }
    return *s1-*s2;
}

int main(void) {
    char str1[10] = "abri";
    char str2[] = "cot";
    printf("(%s)\n", Strcat(str1, str2));
    printf("(%d)\n", Strcmp(str1, str2));
    printf("(%d)\n", Strcmp("toto", "toto"));
    return EXIT_SUCCESS;
}
```

3.4.3 Argv/argc

Ex 7) Écrivez un programme qui prend comme paramètres programmes une expression arithmétique, en notation infixe, formée de deux opérandes entiers et d'un opérateur (+, −, ×, et /), et qui affiche sur la sortie standard le résultat de son évaluation. Par exemple, si le programme exécutable s'appelle `calc`, on aura :

```
$ calc 30 + 5
30 + 5 = 35
```

Prg.57 Programme simple d'opération + - * /

```
/*
 * Calculer :int op int (op + - * /)
 */

#include <stdio.h>
#include <stdlib.h>
#include <ctype.h>
#include <string.h>

int estUnEntierNaturel(char *s) {
    while(*s) {
        if(!isdigit(*s)) {
            return 0;
        }
        //sinon
        s++;
    }
    return 1;
}

int estUnOperateur(char *s) {
    return (*s == '+' || *s == '-' || *s == '*' || *s ==
            '/') && strlen(s) == 1;
}

int main(int argc, char *argv[]) {
    //1)
    if(argc!=4) {
        //erreur
        fprintf(stderr, "Usage :int op int(op + - * /)\n");
        return EXIT_FAILURE;
    }
    //2)
    if(!estUnEntierNaturel(argv[1]) || !estUnEntierNaturel
   (argv[3])) {
        fprintf(stderr, "Entier naturel attendu\n");
```

```
        return EXIT_FAILURE;
    }

    if(!estUnOperateur(argv[2])) {
        fprintf(stderr, "Operateur + - * ou / attendu\n");
        return EXIT_FAILURE;
    }

    //3)
    int opG = atoi(argv[1]);// conversion de la chaine en un entier
    int opD = atoi(argv[3]);
    char op = *argv[2];
    int res;

    switch(op) {
        case'+' : res = opG + opD; break;
        case'-' : res = opG - opD; break;
        case'*' : res = opG * opD; break;
        case'/' : if(opD == 0) {
            fprintf(stderr, "Division par 0\n");
            return EXIT_FAILURE;
        }
        res = opG/opD; break;
    }
    //afficher le resultat
    printf("%d %c %d = %d\n", opG, op, opD, res);
    //
    return EXIT_SUCCESS;
}
```

Ex 8) Écrivez un programme `myhead` qui affiche les n premières lignes qui lui sont données sur l'entrée standard. Le nombre de lignes désiré sera passé en paramètre au programme. Si le paramètre est omis, la valeur 5 sera utilisée par défaut. Exemple :

```
$ ./myhead -3 < fichier
```

```
blaba blaba blaba blaba blaba blaba blaba blaba
blaba blaba blaba blaba
blaba blaba blaba blaba blaba blaba
```

Prg.58 Sortir les premières n lignes du programme

```
/*
 * Ce programme permet d'afficher sur la sortie standard
 * les n premières lignes d'un fichier lu sur l'entrée
 * standard. n est passé en paramètre du programme.
 * Par défaut, n est égal à 5.
 * examples :
 *      $ ./myhead
 *      $ ./myhead -8
 */
#include <stdio.h>
#include <stdlib.h>
#include <ctype.h>

#define USAGE "Usage : myhead [-n]"
#define NB_LIGNES_DEFAUT 5

int estUnEntier(const char *s) {
    if(s == NULL) return 0;
    while(*s) {
        if(!isdigit(*s++)) return 0;
    }
    //
    return 1;
}

/*
 * Rôle : verifier que s est la forme -int
 */
int optionValide(const char *s) {
    // verifier le -
    if(*s != '-')
        return 0;
```

```
    // verifier n entier
    return estUnEntier(s+1);
}

void erreur(void) {
    fprintf(stderr, "%s\n", USAGE);
    exit(EXIT_FAILURE);
}

int main(int argc, char *argv[]) {
    int nbLignes;
    switch(argc) {
    case 1 : nbLignes = NB_LIGNES_DEFAUT; break;
    case 2 :
        // verifier la vlidite de argv[1]
        if(!optionValide(argv[1])) erreur();
        // l'option valide
        nbLignes = atoi(argv[1]+1);
        break;
    default : erreur();
    }
    //
    while(nbLignes>0) {
        char c;
        switch(c = getchar()){
        case EOF: return EXIT_SUCCESS;
        case '\n' : nbLignes--;
        default : putchar(c);
        }
    }
    //
    return EXIT_SUCCESS;
}
```

Ex 9) Écrivez le programme `OptionParser` qui analyse les paramètres et les options d'une ligne de commandes et qui les affiche sur la sortie standard. Les options sont introduites par un tiret et **précèdent**

les paramètres de la commande. Par exemple :

Exemple :

```
$ OptionParser -fc -abc -k foo -z
option f
option c
option a
option b
option c
option k
paramètre foo
paramètre -z
```

Prg.59 Analyser les options et paramètres de ligne de commandes

```c
#include <stdio.h>
#include <stdlib.h>

int main(int argc, char *argv[]) {
  //
  while(--argc>0 && **++argv == '-') {
      // on a un paramètre option
      // *argv est le paramètre courant
      while(*++*argv)
          printf("option  : %c\n", **argv);
  }
  // on a traité toutes les options
  // => traiter tous les paramètres
  while(argc-->0)
      // *argv est le paramètre courant
      printf("paramètre  : %s\n", *argv++);
  return EXIT_SUCCESS;
}
```

3.5 Opérations de liste chaînée

Ex 1) Soient le type `forme` et la procédure `afficherForme` suivants

```
typedef enum { carre, rond, triangle } forme;

void afficherForme(const forme f) {
    switch (f) {
        case carre : printf("carré"); break;
        case rond : printf("rond"); break;
        case triangle : printf("triangle"); break;
        default : printf("forme inconnue");
    }
}
```

Vous testerez les exercices suivants au fur et à mesure.

— Déclarez trois pointeurs, `p`, `q` et `r` sur le type `forme`.

— Créez deux objets dynamiques, un carré et un rond, accessibles respectivement par les pointeurs `p` et `q`.

— Affichez la valeur des objets pointés par `p` et `q`.

— Faites pointer `r` sur l'objet pointé par `p`, et affichez la valeur de l'objet pointé par `r`.

— Transformez la valeur de l'objet pointé par `p` en `triangle` et affichez la valeur de l'objet pointé par `r`.

— Détruisez l'objet pointé par `p`.

— Affichez la valeur de l'objet pointé par `r`. Expliquez le résultat.

Prg.60 Opérations de base sur les objets dynamiques

```
#include <stdio.h>
#include <stdlib.h>

typedef enum {carre, rond, triangle} forme;
```

```
void afficherForme(const forme f) {
    switch(f) {
    case carre    : printf("carre"); break;
    case rond     : printf("rond"); break;
    case triangle : printf("triangle"); break;
    default       : printf("forme inconnue");
    }
}

void afficherLnForme(const forme f) {
    afficherForme(f);
    printf("\n");
}

int main(void) {

    // 1) déclarer 3 pointeurs p, q, r sur type forme
    forme *p, *q, *r;

    // 2)
    p = malloc(sizeof(forme));
    *p = carre;

    q = malloc(sizeof(forme));
    *q = rond;
    // 3)
    afficherForme(*p);printf(" ");
    afficherLnForme(*q);
    // 3)
    r = p;
    afficherLnForme(*r);
    // 4)
    *p = triangle;
    afficherLnForme(*r);
    // 5) libérer
    free(p);
    // 6)
```

```
    afficherLnForme(*r);
    //
    return EXIT_SUCCESS;
}
```

Ex 2) Écrivez une fonction `char *dupliquer(const char *)` qui renvoie une nouvelle chaîne de caractères qui est la duplication de la chaîne de caractères passée en paramètre. Cette fonction renvoie `NULL` si la duplication ne peut se faire.

Prg.61 Utiliser la fonction malloc pour écrire une fonction de copie de chaînes de caractères

```
#include <stdio.h>
#include <stdlib.h>
#include <string.h>

/*
 * Rôle : renvoie la duplication de s ou NULL si erreur
 */

char *Strdup(const char *s) {
    char *p = malloc(sizeof(char)*(strlen(s)+1));
    return p == NULL ? NULL : strcpy(p, s);
}

int main(void) {
    char *s1 = "toto";
    char *s2 = Strdup(s1);

    printf("s1 = (%s)\n", s1);

    // free(s1); // erreur car la chaîne ne peut pas être libérée

    printf("s2 = (%s)\n", s2);

    free(s2);
```

```
    return EXIT_SUCCESS;
}
```

Ex 3) Soient les déclarations suivantes :

```
typedef struct noeud {
    forme f;
    struct noeud *suivant;
} * ListeDeFormes;

ListeDeFormes lf;
```

— On veut fabriquer la liste `lf =< rond, triangle, carré >`. Écrivez dans la fonction `main` les instructions nécessaires pour créer la structure suivante :

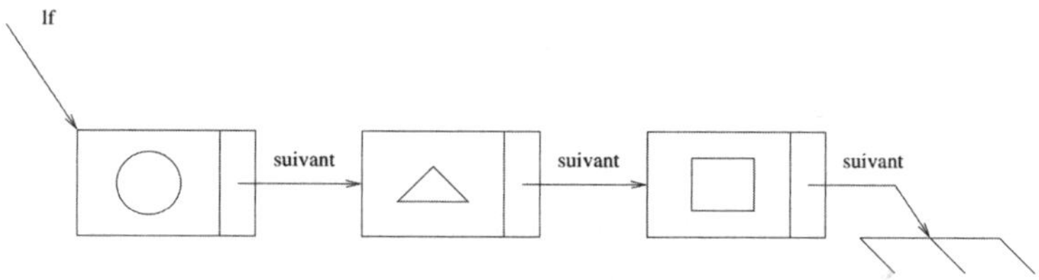

— À l'aide de la procédure `afficherForme`, écrivez une procédure `afficherListedeFormes` qui affiche la liste des formes. Cette procédure possède un seul paramètre de type `ListeDeFormes`.

— Affichez le contenu de `lf`.

— Ajoutez en tête de `lf` un `carre` et affichez à nouveau `lf`.

— Supprimez de la liste l'objet dynamique qui contient le triangle et affichez à nouveau `lf`.

Maintenant, vous allez écrire les fonctions base de manipulation d'une liste de formes.

Prg.62 Sortie de liste chaînée simple

```
#include <stdio.h>
#include <stdlib.h>
```

```
typedef enum {carre, rond, triangle} forme;

typedef struct noeud {
    forme f;
    struct noeud *suivant;
} * ListeDeFormes;

void afficherForme(const forme f) {
    switch(f) {
    case carre    : printf("carre"); break;
    case rond     : printf("rond"); break;
    case triangle : printf("triangle"); break;
    default       : printf("forme inconnue");
    }
}

void afficherListeFormes(const ListeDeFormes l) {
    struct noeud *p = l;
    while(p!=NULL) {
        // p pointe sur un noeud de la liste
        afficherForme(p->f);
        putchar(' ');
        p = p->suivant;
    }
}

void afficherLnListeFormes(const ListeDeFormes l) {
    afficherListeFormes(l);
    printf("\n");
}

void afficherLnForme(const forme f) {
    afficherForme(f);
    printf("\n");
}

int main(void) {
```

```
    ListeDeFormes lf;
    struct noeud *p;

    /*
    lf = malloc(sizeof(struct noeud));
    lf -> f = rond;
    lf -> suivant = malloc(sizeof(struct noeud));
    lf -> suivant -> f = triangle ;
    lf -> suivant -> suivant = malloc(sizeof(struct noeud)
                                       );
    lf -> suivant -> suivant -> f = carre;
    lf -> suivant -> suivant -> suivant = NULL;
    */
    p = malloc(sizeof(struct noeud));
    p->f = carre;
    p->suivant = NULL;
    lf = p;
    //
    p = malloc(sizeof(struct noeud));
    p -> f = triangle;
    p -> suivant = lf;
    lf = p;
    //
    p = malloc(sizeof(struct noeud));
    p -> f = rond;
    p -> suivant = lf;
    lf = p;
    //
    afficherLnListeFormes(lf);
    return EXIT_SUCCESS;
}
```

Ex 4) Écrivez la fonction `initListe` qui renvoie une liste vide

```
/* Rôle : renvoie une liste de formes vide */
ListeDeFormes initListe(void)
```

Ex 5) Écrivez la fonction `longueur` qui renvoie le nombre de formes d'une liste de formes.

```
/* Rôle : renvoie le nombre de formes de la liste */
int longueur(const ListeDeFormes l)
```

Ex 6) Écrivez la fonction `ième` qui renvoie la forme à un rang donné d'une liste de formes.

```
/* Rôle : renvoie la forme de rang r de la liste l */
/* Antécédent : 1 ⩽ r ⩽ longueur(l) */
forme ième(const ListeDeFormes l, const int r)
```

Ex 7) Écrivez la procédure `insérer` qui insère une forme à un rang donné d'une liste de formes.

```
/* Rôle : insére dans la liste l la forme f, au rang r */
/* Antécédent : 1 ⩽ r ⩽ longueur(l) + 1 */
void insérer(ListeDeFormes *l, int r, forme f)
```

Ex 8) Écrivez la procéure `supprimer` qui supprime la forme d'un rang donné d'une liste de formes.

```
/* Rôle : supprime la forme de rang r de la liste l */
/* Antécédent : 1 ⩽ r ⩽ longueur(l) */
void supprimer(ListeDeFormes *l, int r)
```

Ex 9) En utilisant les fonctions précédentes, refaites l'exercice n.3.

La fonction `longueur` parcourt, à chacun de ses appels, la totalité de la liste. Il serait plus judicieux de conserver la longueur effective dans la liste.

D'autre part, les éléments d'une liste ne se limitent pas à des formes.

On souhaite généraliser la notion de liste à tout type d'éléments.

Ex 10) Reprogrammez les fonctions et procédures précédentes à l'aide des déclaration suivantes :

Prg.63 Diverses opérations sur les listes chaînées (longueur, recherche, insertion, suppression)

```
/* liste.h */
#pragma once

typedef int T;

// le type Liste
typedef struct noeud {
    T elt;
    struct noeud * suivant;
} * Liste;

extern Liste initListe(void);
extern int longueur(const Liste);
extern T ieme(const Liste, const int);
extern void inserer(Liste *, const int, const T);
extern void supprimer(Liste *, const int);
```

```
/* liste.c */
#include <stdlib.h>
#include <assert.h>
#include "liste.h"

/*
 * Rôle : renvoie une liste vide
 */
Liste initListe(void) {
    return NULL;
}

/*
 * Antécédent : l est une liste initialisée
```

```
 * Rôle : renvoie la longueur de la liste l
 */
int longueur(const Liste l) {
    struct noeud *p = l;
    int i = 0;
    while(p != NULL) {
        i++;
        p = p->suivant;
    }
    return i;
}

/*
 * Antécédent : 1 <= l <= longueur(l)
 * Rôle : renvoie l'élément de rang r dans liste l
 */
T ieme(const Liste l, const int r) {
    assert(r >= 1 && r <= longueur(l));
    // le rang est valide
    struct noeud *p = l;
    for(int i = 1; i < r; i++)
        p = p->suivant;
    // p pointe sur l'élément de rang r
    return p->elt;
}

/*
 * Antécédent : 1 <= l <= longueur(l) + 1
 * Rôle : insert au rang r l'élément x dans l
 *        longueur(l) est incrementée de 1
 */
void inserer(Liste *l, const int r, const T x) {
    assert(r >= 1 && r <= longueur(*l) + 1);
    // le rang est valide
    // créer le noeud
    struct noeud *p = malloc(sizeof(struct noeud));
    p->elt = x;
```

```
    if(r == 1) {
        // cas particulier : insérer en tête de liste
        p->suivant = *l;
        *l = p;
    }
    else{
        // cas général
        // se placer sur l'élément de rang r-1
        struct noeud *q = *l;
        for(int i = 2; i < r; i++)
            q = q->suivant;
        // q pointe sur le noeud de rang r-1
        p->suivant = q->suivant;
        q->suivant = p;
    }
}

/*
 * Antécédent : 1 <= r <= longueur(*l)
 * Rôle : supprime l'élément de rang r dans l
 *        longueur(*l) est décrémentée de 1
 */
void supprimer(Liste *l, const int r) {
    assert(r >= 1 && r <= longueur(*l));
    struct noeud *p; // désignera le noeud à supprimer
    if(r == 1) {
        //cas particulier : insérer en tête de liste
        p = *l;
        *l = p->suivant;
    }
    else {
        // cas général
        struct noeud *q = *l;
        for(int i = 2; i < r; i++)
            q = q->suivant;
        // q pointe sur le noeud de rang r-1
        p = q->suivant;
```

```
        q->suivant = p->suivant;
    }
    free(p);
}
```

```
/* main.c */
#include <stdio.h>
#include <stdlib.h>
#include "liste.h"

int main(void) {

    Liste l = initListe();

    printf("lg(l) = %d\n", longueur(l));

    inserer(&l, 1, 23); // l = <23>
    inserer(&l, 2, 13); // l = <23, 13>
    inserer(&l, 2, -5); // l = <23, -5, 13>

    printf("lg(l) = %d\n", longueur(l));
    printf("ieme(3) = %d\n", ieme(l, 3));

    supprimer(&l, 3);
    printf("ieme(2) = %d\n", ieme(l, 2));

    return EXIT_SUCCESS;
}
```

3.6 La simulation de calculatrice

Ex 1) On désire écrire un programme qui simule une calculatrice qui évalue des expressions en notation postfixée. Pour simplifier, les opérandes seront des entiers naturels, et les opérateurs seront les quatre opérations de base $+ - / \times$. Pour évaluer une expression postfixée, le programme a besoin d'une pile. L'expression est parcourue de gauche à droite. Chaque opérande est empilé et un opérateur trouve ses deux opérandes en sommet et sous-sommet de pile, qu'il remplace par le résultat de l'opération.

Exemples :

notation infixée	notation postfixée	résultat
$1 + 3$	$1\ 3\ +$	4
$2 + 3 \times 4$	$2\ 3\ 4 \times +$	14
$2 \times 3 - 4 \times 5$	$2\ 3 \times 4\ 5 \times -$	–14

Ex 2) Le programme sera divisé en deux parties : implémentation de la pile et implémentation de la calculette.

— **La pile :** écrivez dans deux fichiers, `pile.h` et `pile.c`, la définition de type de la pile et les fonctions de manipulation de la pile, `initPile`, `empiler`, `dépiler`, `sommet` et `estvide`. Vous représenterez la pile à l'aide d'une structure chaînée.

Prg.64 Utiliser la pile pour réaliser des expressions en notation postfixée

```
/* pile.h */
#pragma once

typedef int T;

typedef struct noeud {
    T elt;
    struct noeud *suivant;
} *Pile;

extern Pile initPile(void);
extern int estVide(const Pile);
extern T sommet(const Pile);
extern void empiler(Pile *,const  T);
extern void depiler(Pile *);
```

```
/* pile.c */
#include <stdlib.h>
#include <assert.h>
#include "pile.h"

/*
 * Rôle : renvoie une pile vide
 */
Pile initPile(void) {
    return NULL;
}

/*
 * Rôle : renvoie 1 si la pile p est vide, et 0 sinon
 */
int estVide(const Pile p) {
    return p == NULL;
}

/*
 * Antécédent : p non vide
 * Rôle : renvoie l'élément en sommet de pile p
 */
T sommet(const Pile p) {
    assert(!estVide(p));
    // la pile n'est pas vide => renvoyer le sommet de pile
    return p->elt;
}

/*
 * Rôle : empile x au sommet de *p
 */
void empiler(Pile *p, const T x) {
    struct noeud *q = malloc(sizeof(struct noeud));
    q->elt = x;
    q->suivant = *p;
    *p = q;
```

```
}

/*
 * Antécédent : *p est non vide
 * Rôle : dépile le sommet de *p
 */
void depiler(Pile *p) {
    assert(!estVide(*p));
    // la pile n'est pas vide => on depile
    struct noeud *q = *p;
    *p = q->suivant;
    free(q);
}
```

— **La calculette :** écrivez dans un fichier `cal.c`, le programme d'évaluation des expressions postfixées. L'expression est donnée par l'intermédiaire des paramètres de programme (*i.e.* `argc` et `argv`). Par ailleurs, la manipulation de la pile se fera *exclusivement* à l'aide des fonctions définies dans `pile.c`.

```
/* cal.c */
#include <stdlib.h>
#include <stdio.h>
#include <ctype.h>

#include "pile.h"

void erreur(const char *msg) {
    fprintf(stderr, "%s\n", msg);
    exit(EXIT_FAILURE);
}

/*
 * Rôle : teste si la chaîne s est operateur
 */
int estUnOperateur(const char *s) {
    return (*s == '+' ||*s == '-' ||*s == 'x' ||
```

```
            *s == '/') && *(s+1) == '\0';

}

/*
 * Rôle : teste si la chaîne s est un entier
 */
int estUnEntier(const char *s) {
    if(*s == '\0') return 0;
    while(*s){
        if(!isdigit(*s++)) return 0;
    }
    // s ne contient que des chiffres
    return 1;
}

int main(int argc, char * argv[]){

    Pile p = initPile();

    for(int i=1; i<argc; i++){
        // traiter l'item courant
        if(estUnEntier(argv[i])){
            // empiler l'entier
            empiler(&p, atoi(argv[i]));
        }
        else {
            if(estUnOperateur(argv[i])){
                int opD = sommet(p);
                depiler(&p);
                int opG = sommet(p);
                depiler(&p);
                //
                switch(*argv[i]){
                case '+': empiler(&p, opG+opD);break;
                case '-': empiler(&p, opG-opD);break;
                case 'x': empiler(&p, opG*opD);break;
```

```
                    case '/' :   if(opD==0) erreur("
                                     Division par 0!");
                                 else
                                     empiler(&p, opG/opD);
                    }
                }
                else
                    erreur("entier ou operateur attendu");
            }
        }
        // on a lu toute l'expression posifixée
        // la pile ne doit contenir qu'un seul élément
        int res = sommet(p);
        depiler(&p);
        if(estVide(p))
            printf("%d\n", res);
        else
            erreur("expression postfixee erronee");
        return EXIT_SUCCESS;
}
```

— **Compilation du programme :** Pour obtenir l'exécutable, il faut faire la suite d'actions suivantes :

```
gcc -Wall -ansi -c pile.c
# génération de pile.o

gcc -Wall -ansi -c cal.c
# génération de cal.o
gcc -o cal cal.o pile.o
# édition de liens du tout et obtention de l'exécutable cal
```

ou compiler le tout en une seule fois, mais l'intérêt de la compilation séparée est de ne pas avoir à re-compiler un fichier si ce dernier n'a pas été modifié...

```
gcc -o cal cal.c pile.c
# compilation complète et obtention de l'exécutable cal
```

— **Make :** en fait, pour compiler un programme réparti sur plusieurs fichiers, il sera plus simple d'utiliser la commande `make` avec le fichier

`Makefile`. Le fichier `Makefile` décrit la façon de produire le programme exécutable à partir d'un graphe de dépendance des fichiers sources. Le programme `make` s'occupera de (re-)compiler uniquement les fichiers nécessaires (ceux qui ont été modifiés) à la fabrication de l'exécutable. Pour le programme `cal`, le fichier `Makefile` aura la forme suivante :

```
CC = gcc               # le compilateur à utiliser
CFLAGS = -Wall         # les options du compilateur
LDFLAGS =              # les options pour l'éditeur de liens
SRC = cal.c pile.c     # les fichiers sources
PROG = cal             # nom de l'exécutable
OBJS =  $(SRC:.c=.o)  # les .o qui en découlent
.SUFFIXES: .c .o       # lien entre les suffixes

all: $(PROG)

# étapes de compilation et d'édition de liens
# $@ la cible $^ toutes les dépendances
$(PROG): $(OBJS)
    $(CC) $(LDFLAGS) -o $@ $^

cal.o: pile.h
pile.o: pile.h
# le lien entre .o et .c
# $< dernière dépendance
%.o: %.c
    $(CC) $(CFLAGS) -c $<
# pour faire propre
.PHONY: clean
clean:
    rm -f *.o *~ core $(PROG)
```

Enfin, pour lancer la compilation, il suffit d'exécuter la commande `make` dans un fenêtre terminale, ou mieux encore depuis `emacs`.

3.7 Les fichiers

Ex 1) Écrivez une procédure `creerFichEntiers` qui écrit dans un fichier, dont le nom est passé en paramètre, une suite de n entiers, où n

est un paramètre de la fonction. Chaque entier à écrire sera tiré au hasard à l'aide de la fonction `rand`. L'en-tête de la fonction est le suivant :

```
/*
 * Antécédent : ...
 * Rôle : ...
 */
void creerFichEntiers(char *f, int n)
```

Prg.65 Créer un fichier de nombres aléatoires avec le nom de fichier spécifié

```
/*
 * Antécédent : fname nom du fichier à créer n nombre
 *                 d'entiers à écrire dans le fichier
 * Rôle : crée le fichier fname forme de n entiers tires
 *         au hasard
 */
void creerFichEntiers(const char *fname, const int n) {
    FILE *fd;
    if((fd = fopen(fname, "w")) == NULL) {
        perror(fname);
        exit(errno);
    }
    // le fichier est ouvert en ecriture
    for(int i = 0; i < n; i++) {
        int x = rand() % 100;
        fwrite(&x, sizeof(int), 1, fd);
    }
    // fermer le fichier
    if(fclose(fd) == EOF) {
        perror(fname);
        exit(errno);
    }
}
```

Ex 2) Dans une fonction `main`, exécutez votre fonction `creerFichEntiers` afin de créer une suite de 20 entiers dans le fichier `"MaSuite"`. Dans un terminal, visualisez le contenu du fichier à l'aide de la commande shell less. Expliquez.

Ex 3) Pour visualiser le contenu du fichier, vous allez maintenant écrire la procédure afficherFichEntiers qui parcourt le fichier et écrit un à un les entiers sur la sortie standard (l'écran). Son en-tête est le suivant :

```
/*
 * Antécédent : ...
 * Rôle : ...
 */
void afficherFichEntiers(char *f)
```

Prg.66 Sortir le contenu du fichier

```
/*
 * Antécédent : fname nom du fichier a lire
 * Rôle : affiche sur la S/S les entiers contenus dans
 *        le fichier
 */
void afficherFichEntiers(const char *fname) {
    FILE *fd;
    if((fd = fopen(fname, "r")) == NULL) {
        perror(fname);
        exit(errno);
    }
    // le fichier est ouvert
    int x;
    while(fread(&x, sizeof(int), 1, fd)>0)
        printf("%4d", x);
        //
    putchar('\n');
    // fermer le fichier
    if(fclose(fd) == EOF) {
        perror(fname);
        exit(errno);
    }
}
```

Ex 4) Écrivez et testez la fonction `PairsImpairs` qui prend en entrée un fichier d'entiers et qui écrit les entiers pairs dans un deuxième fichier, et les entiers impairs dans un troisième fichier. L'en-tête de cette fonction est le suivant :

```
/*
 * Antécédent : ...
 * Conséquent : ...
 */
void PairsImpairs(char *f, char *fPairs, char *fImpairs)
```

Prg.67 Tester le contenu du fichier et écrire les entiers pairs et impairs dans les fichiers nouvellement créés séparément

```
void PairsImpairs(const char *f1, const char *f2,
                  const char *f3)
{
    FILE *fd1, *fd2, *fd3;
    if((fd1 = fopen(f1, "r")) == NULL) {
        perror(f1);
        exit(errno);
    }
    if((fd2 = fopen(f2, "w")) == NULL) {
        perror(f2);
        exit(errno);
    }
    if((fd3 = fopen(f3, "w")) == NULL) {
        perror(f3);
        exit(errno);
    }
    // les 3 fichiers sont ouverts;
    int x;
    // lire le fichier jusqu'à la fin (EOF)
    while(fread(&x, sizeof(int), 1, fd1) > 0)
        fwrite(&x, sizeof(int), 1, (x&1) == 0 ? fd2 : fd3
              );
    // fermer les fichiers
    fclose(fd1);
```

```
    fclose(fd2);
    fclose(fd3);
}
```

```
#include <stdio.h>
#include <stdlib.h>
#include <errno.h>
#include <time.h>

/*
 * Antécédent : fname nom du fichier à créer n nombre
 *              d'entiers à écrire dans le fichier
 * Rôle : crée le fichier fname forme de n entiers tires
 *        au hasard
 */
void creerFichEntiers(const char *fname, const int n) {
    FILE *fd;
    if((fd = fopen(fname, "w")) == NULL) {
        perror(fname);
        exit(errno);
    }
    // le fichier est ouvert en ecriture
    for(int i = 0; i < n; i++) {
        int x = rand() % 100;
        fwrite(&x, sizeof(int), 1, fd);
    }
    // fermer le fichier
    if(fclose(fd) == EOF) {
        perror(fname);
        exit(errno);
    }
}

/*
 * Antécédent : fname nom du fichier a lire
 * Rôle : affiche sur la S/S les entiers contenus dans
```

```
 *          le fichier
 */
void afficherFichEntiers(const char *fname) {
    FILE *fd;
    if((fd = fopen(fname, "r")) == NULL) {
        perror(fname);
        exit(errno);
    }
    // le fichier est ouvert
    int x;
    while(fread(&x, sizeof(int), 1, fd)>0)
        printf("%4d", x);
        //
    putchar('\n');
    // fermer le fichier
    if(fclose(fd) == EOF){
        perror(fname);
        exit(errno);
    }
}

void PairsImpairs(const char *f1, const char *f2,
                  const char *f3)
{
    FILE *fd1, *fd2, *fd3;
    if((fd1 = fopen(f1, "r")) == NULL) {
        perror(f1);
        exit(errno);
    }
    if((fd2 = fopen(f2, "w")) == NULL) {
        perror(f2);
        exit(errno);
    }
    if((fd3 = fopen(f3, "w")) == NULL) {
        perror(f3);
        exit(errno);
    }
```

```
    // les 3 fichiers sont ouverts;
    int x;
    // lire le fichier jusqu'à la fin (EOF)
    while(fread(&x, sizeof(int), 1, fd1)>0)
        fwrite(&x, sizeof(int), 1, (x&1) == 0 ? fd2 : fd3
               );
    // fermer les fichiers
    fclose(fd1);
    fclose(fd2);
    fclose(fd3);
}

void erreur(const char *msg) {
    fprintf(stderr, "%s\n", msg);
    exit(EXIT_FAILURE);
}

int main(int argc, char *argv[]) {

    srand(time(NULL));

    if(argc!=5) erreur("Usage : ./a.out f1 f2 f3 n");

    creerFichEntiers(argv[1], atoi(argv[4]));
    afficherFichEntiers(argv[1]);
    PairsImpairs(argv[1], argv[2], argv[3]);

    afficherFichEntiers(argv[2]);
    afficherFichEntiers(argv[3]);
    return EXIT_SUCCESS;
}
```

Ex 5) Écrivez le programme `copier`, qui prend en paramètre (`argv`) deux noms de fichiers et qui fait la copie du premier sur le deuxième. Vous utiliserez les fonctions `fread` et `fwrite` et vous ferez les écritures et les lectures à partir d'un tampon de taille `BUFSIZ`. Cette constante est définie dans `stdio.h`.

Prg.68 Copier le contenu du fichier dans un nouveau fichier

```
#include <stdio.h>
#include <stdlib.h>
#include <errno.h>
#include <time.h>

/*
 * Antécédent : fname nom du fichier a créer n nombre
 *              d'entiers à écrire dans le fichier
 * Rôle : crée le fichier fname forme de n entiers tires
 *        au hasard
 */
void copie(const char *in, const char *out) {
    FILE *fdin, *fdout;
    if((fdin = fopen(in, "r")) == NULL) {
        perror(in);
        exit(errno);
    }
    if((fdout = fopen(out, "w")) == NULL) {
        perror(out);
        exit(errno);
    }
    //
    /*
    int c;
    while((c = fgetc(fdin)) != EOF)
        fputc(c, fdout);
    */
    //
    char buf[BUFSIZ];
    int n;
    while((n = fread(buf, 1, BUFSIZ, fdin)) > 0)
        fwrite(buf, 1, n, fdout);
    //
    fclose(fdin);
```

```
    fclose(fdout);
}

void erreur(const char *msg) {
    fprintf(stderr, "%s\n", msg);
    exit(EXIT_FAILURE);
}

int main(int argc, char *argv[]) {

    if(argc != 3) erreur("Usage : mycp f1 f2\n");

    copie(argv[1], argv[2]);

    return EXIT_SUCCESS;
}
```

Ex 6) Un fichier contient des notes d'étudiants. Ce fichier est formé d'une suite de lignes contenant chacune 3 champs. Ces champs sont :

— le nom ;

— le prénom ;

— une suite de notes comprises entre 0 et 20 séparées par des espaces. Le nombre de notes est quelconque, éventuellement zéro.

Les noms et prénoms ne contiendront ni espaces, ni tirets ou apostrophes. Voici un exemple de fichier :

```
Messi Paul  12 2.5 10
Bardot  Marie
Bella  Jean 12 17.5 9 14.5
Dupont Isabelle 14 20
```

En utilisant, les fonctions `fscanf` et `fprintf`, écrivez un programme qui lit le fichier de notes, et qui crée un second fichier qui contient le nom et le prénom de chaque étudiant suivis de sa moyenne. Vous écrirez à la fin du fichier la moyenne générale.

Prg.69 Lire et manuvre les dossiers d'information des étudiants

```
Messi Paul 12 2.5 10
Bardot Marie
Bella Jean 12 17.5 9 14.5
Dupont Isabelle 14 20
```

```
#include <stdio.h>
#include <stdlib.h>
#include <errno.h>
#include <time.h>

#define MAXALPHA 15

void afficherNotes(const char *fname) {
    FILE *fd;
    if((fd = fopen(fname, "r")) == NULL) {
        perror(fname);
        exit(errno);
    }
    // le fichier est ouvert
    char nom[MAXALPHA], prenom[MAXALPHA];
    while(fscanf(fd, "%s %s", nom, prenom) > 0) {
        // lire les notes
        double note, som = 0.0;
        int nbNotes = 0;
        while(fscanf(fd, "%lf", &note) > 0) {
            som += note;
            nbNotes++;
        }
        printf("%s %s : ", nom, prenom);
        if(nbNotes != 0)
            printf("%.2lf", som/nbNotes);
        else printf("abs");
        putchar('\n');
```

```
    }
    // fermer le fichier
    fclose(fd);
}

void erreur(const char *msg) {
    fprintf(stderr, "%s\n", msg);
    exit(EXIT_FAILURE);
}

int main(int argc, char *argv[]) {

    afficherNotes(argv[1]);

    return EXIT_SUCCESS;
}
```

Chapitre 4 Pratique intégrée

4.1 Introduction à la boîte à outils graphique libsx

Le but de ce TD est de construire une interface graphique pour un convertisseur Euros/Yuans selon le taux de change en vigueur. Ce convertisseur aura l'apparence donnée par la figure 4.1.

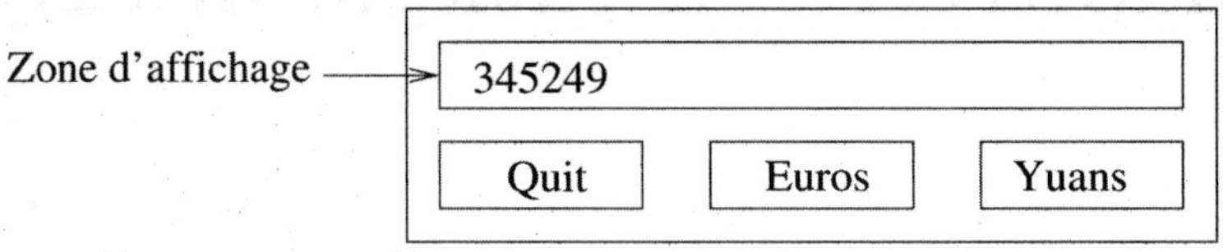

FIG.4.1 Interface graphique du convertisseur.

La manipulation du convertisseur se fera avec le clavier pour entrer la somme d'argent à convertir, et la souris. Un clic sur :

— la touche « Euros » affiche la somme convertie en euros ;

— la touche « Yuans » affiche la somme convertie en dollars ;

— la touche « Quit » met fin au programme.

La plupart des environnements de programmation offre des boîtes à outils graphiques (graphical toolkit) pour programmer des interfaces graphiques. Une boîte à outils est un ensemble de composants graphiques préfabriqués (boutons, menus déroulants, ascenseurs, etc.), appelés *widgets*, qu'il suffit d'assembler pour composer l'interface graphique. La boîte à outils graphique que nous allons utiliser s'appelle `libsx` et a l'avantage d'être très simple à utiliser.

La construction de notre programme se fera en deux temps :

1. assemblage des composants graphiques ;
2. connexion des composants graphiques avec les actions de change dollars/euros.

4.2 Assemblage des composants graphiques

Pour libsx, un composant graphique est de type Widget. Libsx propose plusieurs types de composants graphiques. Pour notre programme, nous en utiliserons deux : les entrées de texte et les boutons.

Une entrée est une simple zone graphique qui permet l'édition d'un message de type chaîne de caractères. Elle va nous servir pour visualiser et éditer la valeur courante traitée par le convertisseur. La fonction MakeStringEntry crée une entrée. Elle possède quatre paramètres. Son prototype est le suivant :

```
Widget MakeStringEntry(char *txt, int size, StringCB func,
                       void *data);
```

Pour l'instant, seul le deuxième paramètre nous intéresse, c'est la taille en pixels de l'entrée. Pour les trois autres, vous passerez la valeur NULL au moment de l'appel de la fonction.

Un bouton est un widget qui affiche un message et qui peut prendre deux états, enfoncé ou non enfoncé, en réaction aux clics de la souris. Les boutons nous serviront à représenter toutes les touches de la calculette. La fonction MakeButton crée un bouton. Son prototype est le suivant :

```
Widget MakeButton (char *s, ButtonCB func, void *data);
```

Pour l'instant, seul le premier paramètre nous intéresse, il correspond au texte à afficher sur le bouton. Pour les deux autres, vous passerez la valeur NULL au moment de l'appel de la fonction.

Une fois les widgets créés, il faut les assembler en les positionnant les uns par rapport aux autres, pour obtenir la figure 4.1. C'est la fonction SetWidgetPos qui se charge de ce travail. Son prototype est le suivant :

```
void SetWidgetPos (Widget w, int pos1, Widget w1, int pos2,
                   Widget w2);
```

Cette fonction assemble le widget w en position pos1 par rapport au widget w1 et en position pos2 par rapport au widget w2. Les positions valides sont PLACE_UNDER et PLACE_RIGHT. Ainsi, l'appel

```
SetWidgetPos(a, PLACE_RIGHT, b, PLACE_UNDER, c);
```

assemble le widget a à droite du widget b et sous le widget c.

Il est également possible de placer un widget par rapport à un seul autre widget. Dans ce cas, les deux derniers paramètres prendront respectivement les valeurs NO_CARE et NULL.

Structure du programme

La fonction main de votre programme aura dans un premier temps la forme suivante :

```
#include <stdio.h>
#include <stdlib.h>
#include <libsx.h>

int main (int argc, char **argv)
{
    if (OpenDisplay(argc, argv) == 0) {
        fprintf(stderr, "Can't open display\backslash n");
        return EXIT_FAILURE;
    }

    init_display(argc, argv, NULL);
    MainLoop();
    return EXIT_SUCCESS;
}
```

Le premier test vérifie que l'affichage sur l'écran est possible. La fonction init_display contiendra le code de création des widgets et leur assemblage. Enfin, la fonction MainLoop lance le fonctionnement interactif de l'application.

Au dessus de la fonction main, vous déclarerez la fonction init_display comme suit :

```
void init_display (int argc, char **argv, void *d)
{
    /* création et assemblage des widgets */

    .... à vous de jouer .....

    /* pour gérer les couleurs */
    GetStandardColors();

    /* pour afficher l'interface */
    ShowDisplay();
}
```

Ex 1) Placez dans un fichier `conv.c` le code C précédent. Puis, à l'aide des fonctions `MakeStringEntry`, `MakeButton` et `SetWidgetPos`, complétez la fonction `init_display` afin de produire l'interface donnée par la figure 4.1.

Ex 2) Pour compiler votre programme, il faut indiquer au compilateur que vous utilisez la boîte à outils `libsx`. Pour cela, vous ajouterez `-lsx` à la fin de votre commande de compilation.

Pour compiler le programme, il sera plus simple d'utiliser la commande `make` avec le fichier `makefile` donné en annexe. Il suffit de taper la commande :

```
Make
```

Le programme exécutable qui a été fabriqué se nomme `conv`. Vous pouvez maintenant exécuter le programme :

```
./conv
```

4.3 Donner vie à l'interface graphique

4.3.1 Les callbacks

Les widgets que vous venez de créer sont sans « vie », ils ne produisent aucune action. Pour qu'ils fassent des actions, il faut leur associer des fonctions, appelées *callbacks*, qui sont déclenchées lorsqu'un *événement* se produit sur le widget. Un événement est, par exemple, l'appui sur une touche du clavier ou un clic de souris.

Dans notre application, il faudra associer un callback à chacun des boutons de l'interface. Pour `libsx`, un callback associé à un bouton est une fonction dont le prototype est le suivant :

```
void func(Widget, void *);
```

Prenons l'exemple du bouton « Quit ». L'action à déclencher lorsque l'on appuie sur ce bouton est de terminer l'exécution du programme par un simple appel à la fonction `exit`. Le callback à associer au bouton « Quit », que nous appellerons `quit`, s'écrira simplement

```
/* Callback bouton quit.
 * Rôle  : terminer l'application
 */
void quit(Widget w, void *d) {
    exit(EXIT_SUCCESS);
}
```

et son prototype est :

```
void quit(Widget, void *);
```

Le premier paramètre est le widget qui a déclenché le callback (ici le bouton Quit). Le second est un pointeur sur une donnée partagée (voir la section suivante).

Ex 3) Placez la fonction `quit` dans le fichier `callbacks.c` et son prototype dans `callbacks.h`.

L'association entre le callback et le widget se fait au moment de la création du widget. Dans le cas d'un bouton, il suffit de passer le nom du callback comme deuxième paramètre de la fonction `MakeButton`.

Ex 4) Modifiez l'appel à `MakeButton` dans `init_display` pour avoir quelque chose de la forme :

```
BQuit = MakeButton("Quit", quit, NULL);
```

Remarque : `Bquit` est le nom de la variable de type widget qui désigne le widget « Quit ». Ce nom de variable est quelc

Ex 5) Placez **`#include`** `"callbacks.h"` en tête du fichier `calc.c` et recompilez votre programme. Attention, votre programme comporte maintenant deux fichiers sources.

Ex 6) Exécutez votre programme. Vérifiez que le bouton « Quit » achève bien l'exécution de l'application.

4.3.2 Les données

L'interface graphique peut être amenée, par l'intermédiaire des callbacks, à manipuler des données de l'application. Remarquez que cela n'a pas été le cas pour le callback `quit`, mais cela le sera pour les callbacks des autres boutons de la calculette.

Par exemple, le clic sur une touche « Euros » doit convertir la valeur de la zone d'affichage en euros. Il faut donc mémoriser cette valeur et la rendre accessible aux callbacks des touches « Euros » et « Yuans ». Toutes les données accessibles par les callbacks seront placées dans une structure, dont l'adresse sera transmise lors de la création du widget.

Pour le convertisseur, il faut mémoriser la valeur à convertir et le taux de change sous forme de `double` ainsi que la zone d'affichage :

```
typedef struct {
    double valeur;
    double tauxDeChange;
    Widget ZoneAffich;
} ValeurCourante;
```

Ex 7) Placez cette déclaration dans le fichier `data.h`. Vous définirez les fonctions de manipulation de la structure de données `ValeurCourante` dans un fichier `data.c`. Définissez dans un premier temps une fonction d'initialisation de la structure de données.

Pour faire le lien entre les callbacks et les données, nous déclarerons et initialiserons une variable de type `ValeurCourante` dans la fonction `main` et nous la transmettrons à la fonction `init_display`.

```
#include <stdio.h>
#include <stdlib.h>
#include <libsx.h>
#include <callbacks.h>
#include <data.h>
#include <conv.h>

int main(int argc, char **argv) {
    ValeurCourante d;

    if (OpenDisplay(argc, argv) == 0) {
        fprintf(stderr, "Can't open display\n");
        return EXIT_FAILURE;
    }

    initValeurCourante(&d);
    init_display(argc, argv, &d);
    MainLoop();
    return EXIT_SUCCESS;
}
```

Dans la fonction `init_display`, il faudra passer l'adresse de cette variable comme troisième paramètre du constructeur de bouton, à la place de la constante `NULL`. Ainsi, pour le bouton « Yuans », on aura quelque chose de la forme :

```
void init_display (int argc, char **argv, void *d) {
    /* création et assemblage des widgets */
    ...
    BYuans = MakeButton("Yuans", dollars, d);
    ...
    /* pour gérer les couleurs */
    GetStandardColors();

    /* pour afficher l'interface */
    ShowDisplay();
}
```

Le rôle du callback `dollars` est de convertir la somme courante en dollars et d'afficher la valeur convertie dans la zone d'affichage. Le callback peut maintenant accéder à la valeur courante grâce à son second paramètre. Cette fonction a la forme suivante :

```
/*
 * Rôle : convertit la valeur courante en dollars
 *        et l'affiche dans la zone d'affichage
 */
void dollars(Widget w, void *d) {
    {
        /* d désigne la ValeurCourante */
        /* convertir en dollars la valeur courante */
        ....
        /* afficher la nouvelle ValeurCourante
        dans la zone d'affichage
        */
    }
```

L'affichage de la nouvelle valeur courante dans la zone d'affichage, correspond à la modification du texte du widget créé par la fonction

`MakeStringEntry`. Cette modification peut être faite grâce à la fonction `SetStringEntry`. Cette fonction possède deux paramètres, le premier est le widget « entrée » à modifier, et le second est une chaîne de caractères qui représente le nouveau texte à afficher.

Ex 8) Programmez les callbacks des boutons « Yuans » et « Euros » Compilez et testez votre application.

Ex 9) Ajoutez le bouton « Taux de change » qui ouvre une fenêtre pour obtenir le taux de change euros/dollars à appliquer lors des conversions.

4.4 Le fichier Makefile

```
CC = gcc              # le compilateur à utiliser
CFLAGS = -g -Wall     # les options du compilateur
LDFLAGS = -lsx        # les options pour l'éditeur de liens
SRC = conv.c vue.c callbacks.c data.c # les fichiers sources
PROG = conv           # nom de l'exécutable
OBJS =  $(SRC:.c=.o) # les .o qui en découlent
.SUFFIXES: .c .o      # lien entre les suffixes

all: $(PROG)

# étapes de compilation et d'édition de liens
# $@ la cible  $^ toutes les dépendances
$(PROG): $(OBJS)
    $(CC)  -o $@ $^ $(LDFLAGS)

callbacks.o: callbacks.h data.h
data.o: data.h
vue.o: data.h callback.h
conv.o: data.h callbacks.h
# le lien entre .o et .c
# $< dernière dépendance
%.o: %.c
    $(CC) $(CFLAGS) -c $<
```

```
# pour faire propre
.PHONY: clean
clean:
	rm -f *.o *~ core $(PROG)
```

4.5 Le convertisseur Euros/Yuans

Prg.70 Le convertisseur Euros/Yuans

```c
/* conv.c */
/*
 * Author : Vincent.GRANET "vg@unice.fr"
 * Creation date : 17-Apr-2022 16:14
 * Last file update : 29-Apr-2022 12:52
 */

#include <stdio.h>
#include <stdlib.h>
#include <libsx.h>
#include "data.h"
#include "vue.h"

int main(int argc, char *argv[]) {
    if (OpenDisplay(argc, argv) == 0) {
        fprintf(stderr,"Can't open display\n");
        return EXIT_FAILURE;
    }
    // initialiser la donnée partagée avec le modèle
    ValeurCourante d;
    initValeurCourante(&d, 0.129); // 10 yuans = 1,29 euros

    // créer l'IG et l'afficher à l'écran
    init_display(argc, argv, &d);
    MainLoop();

    return EXIT_SUCCESS;
}
```

```c
/* data.h */
/*
 * Author: Vincent.GRANET "vg@unice.fr"
 * Creation date: 17-Apr-2022 16:15
 * Last file update: 29-Apr-2022 12:53
 */
#pragma once

/*
 *  Définition du type ValeurCourante qui représente la
 *  valeur courante avec le taux de change
 */
typedef struct {
    double tauxDeChange;
    double valeur;
} ValeurCourante;

extern void initValeurCourante(ValeurCourante *,const
                               double);
extern void setValeur(ValeurCourante *, const double);
extern double getValeur(ValeurCourante *);
extern void convertirEnYuans(ValeurCourante *);
extern void convertirEnEuros(ValeurCourante *);
```

```c
/* data.c */
/*
 * Author: Vincent.GRANET "vg@unice.fr"
 * Creation date: 17-Apr-2022 16:16
 * Last file update: 29-Apr-2022 12:53
*/
#include <stdlib.h>
#include <stdio.h>
#include "data.h"
/* Rôle : initialise à 0 la valeur courante avec le taux
 *        de change tc yuans -> euros
 */
```

```
void initValeurCourante(ValeurCourante *d,const double tc)
{
    d->valeur = 0.0;
    d->tauxDeChange = tc;
}

/*
 * Rôle : affecte la valeur réelle n à la valeur courante
 */
void setValeur(ValeurCourante *d, const double n) {
    d->valeur = n;
}

/*
 * Rôle : renvoie la valeur courante
 */
double getValeur(ValeurCourante *d) {
    return d->valeur;
}

void convertirEnYuans(ValeurCourante *d) {
    // la valeur courante est en euros => la convertir en dollars.
    d->valeur /= d->tauxDeChange;
}

void convertirEnEuros(ValeurCourante *d) {
    // la valeur courante est en dollars => la convertir en euros.
    d->valeur *= d-> tauxDeChange;
}
```

```
/* vue.h */
#pragma once

extern void init_display(int, char *[], void *);
extern Widget ZoneSaisie;
```

```
/* vue.c */
/*
    Author : Vincent.GRANET "vg@unice.fr"
    Creation date : 17-Apr-2022 16:14
    Last file update : 29-Apr-2022 12:52
*/

#include <stdio.h>
#include <stdlib.h>
#include <libsx.h>
#include "data.h"
#include "callbacks.h"

#define TAILLEZONEAFFICHAGE 255

Widget ZoneSaisie; // la zone d'affichage

/* Rôle : création et assemblage des widgets */
void init_display(int argc, char *argv[], void *d) {

    Widget
        BQuit,        // le bouton Quit pour terminer le programme
        BYuans,       // le bouton BFrancs pour la conversion en dollars
        BEuros;       // le bouton BEuros pour la conversion en euros

    // créer les composants graphiques
    ZoneSaisie = MakeStringEntry(NULL, TAILLEZONEAFFICHAGE
                                 , NULL, NULL);
    BQuit = MakeButton(" Quit  ", quit, NULL);
    BYuans = MakeButton(" Yuans ", yuans, d);
    BEuros = MakeButton(" Euros ", euros, d);
    // Placement des boutons dans la fenêtre graphique
    SetWidgetPos(BQuit, PLACE_UNDER, ZoneSaisie, NO_CARE,
                 NULL);
    SetWidgetPos(BEuros, PLACE_RIGHT, BQuit, PLACE_UNDER,
                 ZoneSaisie);
    SetWidgetPos(BYuans, PLACE_RIGHT, BEuros, PLACE_UNDER,
```

```
                    ZoneSaisie);
    // pour gérer les couleurs
    GetStandardColors();
    // pour afficher l'interface
    ShowDisplay();
}
```

```
/* callbacks.h */
/*
 * Author: Vincent.GRANET "vg@unice.fr"
 * Creation date: 17-Apr-2022 16:18
 * Last file update: 29-Apr-2022 12:52
 */

#pragma once

extern void quit(Widget, void *);
extern void yuans(Widget, void *);
extern void euros(Widget, void *);
```

```
/* callbacks.c */
/*
 * Author: Vincent.GRANET "vg@unice.fr"
 * Creation date: 17-Apr-2022 16:18
 * Last file update: 29-Apr-2022 12:52
*/

#include <stdlib.h>
#include <stdio.h>
#include <libsx.h>
#include "data.h"
#include "vue.h"
#include "callbacks.h"

/* Callback bouton quit.
 * Rôle : terminer l'application
```

```
 */
void quit(Widget w, void *d) {
    exit(EXIT_SUCCESS);
}

/* Rôle : affiche dans la zone de saisie la valeur v
 */
static void afficher(const double v) {
    const int TailleZoneSaisie =
        TextWidth(GetWidgetFont(ZoneSaisie),
        GetStringEntry(ZoneSaisie));
    char s[TailleZoneSaisie+1];
    sprintf(s,"%-f", v);
    SetStringEntry(ZoneSaisie,s);
}

/* Rôle :  Callback bouton dollars.
 *         remplace la valeur en euros qui est de la zone
 *         de saisiepar sa valeur convertie en dollars
 */
void yuans(Widget w, void *d) {
    // 1 : récupérer la valeur dans la zone de saisie
    // 2 : mettre cette valeur dans la donnée partagée
    setValeur(d, atof(GetStringEntry(ZoneSaisie)));
    // 3 : convertir en yuans
    convertirEnYuans(d);
    // 4 : afficher la conversion
    afficher(getValeur(d));
}

/* Rôle :  Callback bouton euros.
 *         remplace la valeur en dollars qui est de la
 *         zone de saisie par sa valeur convertie en euros
 */
void euros(Widget w, void *d) {
    // 1 : récupérer la valeur dans la zone de saisie
    // 2 : mettre cette valeur dans la donnée partagée
```

```
    setValeur(d, atof(GetStringEntry(ZoneSaisie)));
    // 3 : convertir en euros
    convertirEnEuros(d);
    // 4 : afficher la conversion
    afficher(getValeur(d));
}
```

```
/* main.c */
#include <stdio.h>
#include <stdlib.h>

#include "data.h"

int main(void) {

    ValeurCourante d;

    initValeurCourante(&d, 0.129);
    setValeur(&d, 1000);
    convertirEnEuros(&d);
    printf("%lf\n", getValeur(&d));

    setValeur(&d, 300000);
    convertirEnEuros(&d);
    printf("%lf\n", getValeur(&d));

    setValeur(&d, 50);
    convertirEnYuans(&d);
    printf("%lf\n", getValeur(&d));

    return EXIT_SUCCESS;
}
```

Bibliographie

[FAQ] FAQ C. see `comp.lang.c` and `http://www.eskimo.com/~scs/C-faq/top.html`.

[Gra12] Vincent Granet. *Mini Manuel d'Algorithmique et de programmation.* Duñod, 2012.

[Hoa69] C. A. R. Hoare. « An axiomatic basis for computer programming ». *Comm.* ACM, Octobre 1969. `http://www.polytech.unice.fr/~vg/fr/enseignement/xidian/Doc/hoare-axiomatic.pdf`.

[HS87] Samuel P. Harbison et Guy L. Steele. C : *A Reference Manual.* PrenticeHall, second édition, 1987. (also published in French. MASSON).

[KR88] Brian W. Kernighan et Dennis M. Ritchie. *The C Programming Language.* Prentice-Hall, second édition, 1988. (also published in French. MASSON)